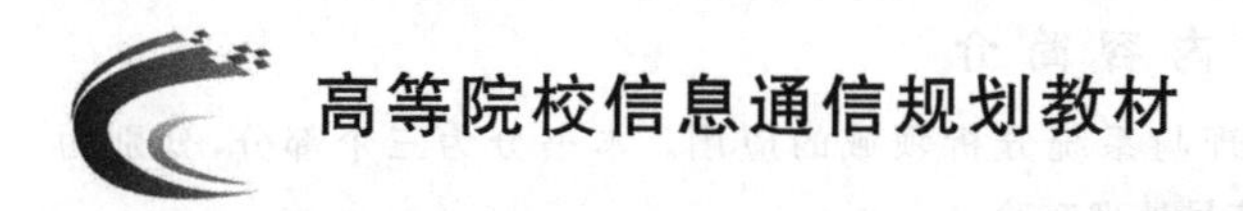

基于MATLAB的信号处理与系统分析实验教程

主编　吴　娱　李晓晶

北京邮电大学出版社
www.buptpress.com

内 容 简 介

本书详细介绍了 MATLAB 在信号处理与系统分析领域的应用。本书分为三个部分，分别为 MATLAB 基础、信号与系统实验以及数字信号处理实验。

本书力求深入浅出，注重将理论基础与实践应用紧密结合。书中各实验都配有例题、习题、MATLAB 的演示程序及运行结果展示，以便读者能够更好地理解和掌握信号处理与系统分析的基本理论和仿真方法。本书内容编排合理，条理清晰，实例丰富，适合作为应用型本科电气信息类专业“信号与系统”和“数字信号处理”实验课程的教材，也可作为电气信息相关领域工作者的自学参考书。

图书在版编目（CIP）数据

基于 MATLAB 的信号处理与系统分析实验教程 / 吴娱，李晓晶主编．-- 北京 ：北京邮电大学出版社，2025.

ISBN 978-7-5635-7494-0

Ⅰ．TN911

中国国家版本馆 CIP 数据核字第 2025VM2646 号

策划编辑：马晓仟　**责任编辑**：马晓仟　廖国军　**责任校对**：张会良　**封面设计**：七星博纳

出版发行：北京邮电大学出版社

社　　址：北京市海淀区西土城路 10 号

邮政编码：100876

发 行 部：电话：010-62282185　传真：010-62283578

E-mail：publish@bupt.edu.cn

经　　销：各地新华书店

印　　刷：保定市中画美凯印刷有限公司

开　　本：787 mm×1 092 mm　1/16

印　　张：10

字　　数：239 千字

版　　次：2025 年 2 月第 1 版

印　　次：2025 年 2 月第 1 次印刷

ISBN 978-7-5635-7494-0　定价：32.00 元

前　言

“信号与系统”和“数字信号处理”是电气信息类专业两门重要的专业基础课程，课程体系关系紧密，系统安排这两门课程的理论和实践教学尤为重要。本书在充分考虑这两门课程理论体系的基础上，分部分对“信号与系统实验”和“数字信号处理实验”进行编排，可分别配合这两门课程的理论教学进行使用，也可综合在一起与“信号处理与系统分析”课程的理论教学配套使用。

本书的实验以 MATLAB 为仿真平台，共分为 3 个部分。

第 1 部分是 MATLAB 基础。此部分简单介绍了 MATLAB 的使用及入门知识。

第 2 部分是信号与系统实验。此部分结合“信号与系统”理论课程的相关知识，包括八个实验，内容涉及连续时间信号时域和频域的表示、相关运算以及连续时间系统的时域、频域、复频域分析。

第 3 部分是数字信号处理实验。此部分结合“数字信号处理”理论课程的相关知识，包括八个实验，内容涉及离散时间信号时域和频域的表示、相关运算，离散时间系统的时域和 z 域分析以及滤波器的设计。

此外，本书附录还列出了 MATLAB 常用命令函数，供读者查阅。

本书在课程体系上结合了“信号与系统”和“数字信号处理”两门课程的理论知识，力求将“信号”“系统”“分析处理”结合。此外，本书依托 MATLAB 仿真平台，并通过大量实例和习题力求将理论和实践相结合。

吴娱负责统筹本书的编写工作，并编写了实验 1～4 和实验 9～16；李晓晶编写了第 1 部分 MATLAB 基础、实验 5～8 和附录。书中的部分内容和程序参考了相关文献和网络资源，对所涉及的原作者表示深深的感谢。由于编者教学经验和学术水平有限，书中难免存在疏漏和不妥之处，恳请广大读者批评指正。

编　者
2024 年 9 月

目　　录

第1部分

MATLAB基础

1. MATLAB简介

MATLAB(Matrix Laboratory,矩阵实验室),是由美国MathWorks公司开发的科学计算软件。MATLAB是一种用于算法开发、数据可视化、数据分析以及数值计算的高级技术计算软件和交互式环境。经过该公司的不断完善,MATLAB已经发展为适合多学科、多平台的功能强大的软件,应用范围覆盖了工业、电子、通信、医疗等众多领域。

MATLAB具有以下一些特点:

① 语言简洁,使用方便:MATLAB采用一种类似自然语言的编程语言,语法简单直观,易于学习和使用,用户可以轻松编写、调试代码。此外,MATLAB提供了强大的调试工具,可以帮助用户更高效地编写代码。

② 先进的数据可视化能力:MATLAB提供了丰富的绘图和可视化功能,用户能够将计算结果以直观、精确、易于理解的图形展示出来。

③ 高效的计算能力:MATLAB能够快速、精确地执行各种数学运算,支持各种矩阵运算、线性代数运算、积分方程、微分方程求解等运算,且计算结果精度高。

④ 有大量实用的工具箱,库函数丰富:MATLAB配备了覆盖各种领域的专业工具箱和函数库,如信号处理、控制系统、图像处理、统计分析等,用户可以根据需要调用相关工具箱和函数库来解决各种复杂问题。

⑤ 开放性强:MATLAB的核心文件和工具箱文件都是可读可写的源文件,用户不仅可以对源文件进行修改,还可以加入自己构建的工具箱。

MATLAB广泛应用于信号与数据的分析与处理、系统设计与控制、语音处理与图像识别等方面,能够快速验证设计效果、测评系统性能,是专业设计和分析工作中的得力助手。

MATLAB拥有强大的功能,对其熟练运用已成为工程技术人员必不可少的技能。"信号与系统"和"数字信号处理"这两门课程公式复杂、变换众多、计算量大,MATLAB在信号与系统的分析与处理中的应用主要包括数值运算、符号运算、绘制波形、仿真分析,MATLAB的分析和仿真能力为设计和分析系统、信号频谱、参数优化、系统仿真和性能测试等提供了有力的技术支持。通过 MATLAB 仿真实验可以对课程内容进行分析和研究，帮助学生深入理解课程理论知识，为将来使用 MATLAB 进行信号领域的分析和实际应用打下坚实的基础。

2. MATLAB 开发环境

启动 MATLAB 后系统会打开主界面，如图 1 所示。界面中包含菜单栏、工具栏、命令窗口、工作空间、历史命令窗口、当前工作目录等内容，为用户提供了一个集成的交互式图形界面。

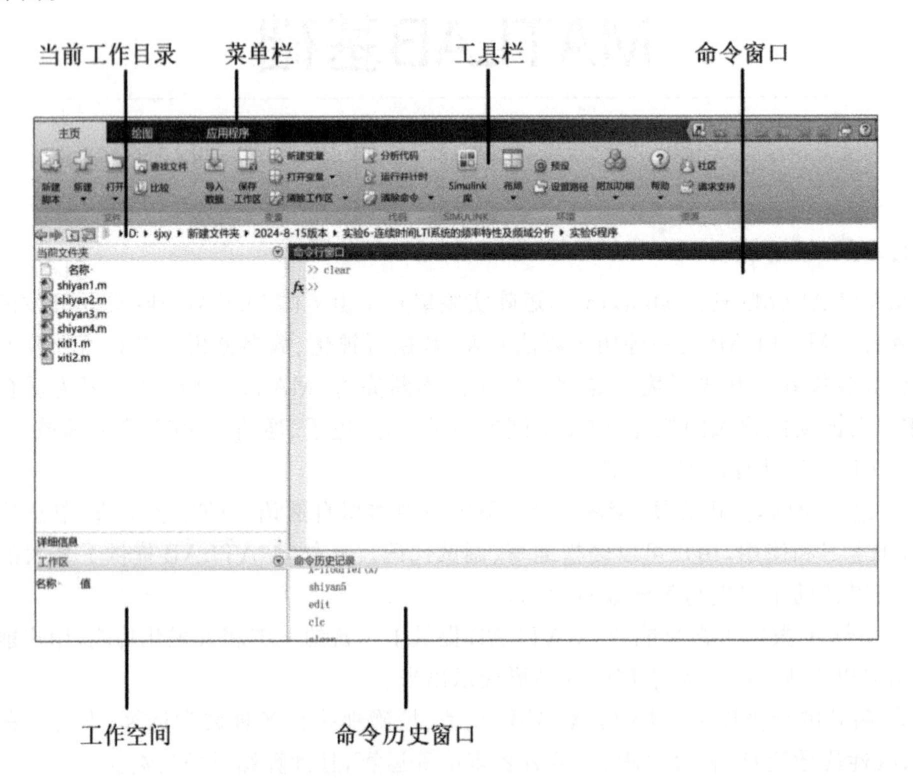

图 1　MATLAB 主界面

1）命令窗口

命令窗口是接收输入命令和显示输出数据的窗口，在命令提示符“>>”后面输入命令，回车即可运行并显示该命令的计算结果。clc 命令可以清除命令窗口的内容。

2）工作空间

工作空间显示当前计算机内存中的变量信息，包括变量的名称、维数大小、占用内存大小和数据类型等信息，双击变量可以查看变量内容。另外，在命令窗口中输入“whos”命令可查看工作空间，工作空间的内容会作为输出显示在命令窗口。clear 命令可以清除工作空间的所有变量。

3）历史命令窗口

历史命令窗口用于保存运行过的命令，并标明使用时间。选中某一历史命令后双击或回车可以重新运行该命令。

4）当前工作目录

当前工作目录窗口可以显示或改变当前工作目录下的各类文件及文件夹。

5）M 文件编辑器

命令窗口适用于简单计算，如果需要设计较大的程序，对其进行调试运行的话，就需要 M 文件编辑器。M 文件编辑器为用户提供了一个文本编辑和文件调试的图形用户界面，可以进行 M 文件的创建、编辑、保存和调试等工作，如图 2 所示。

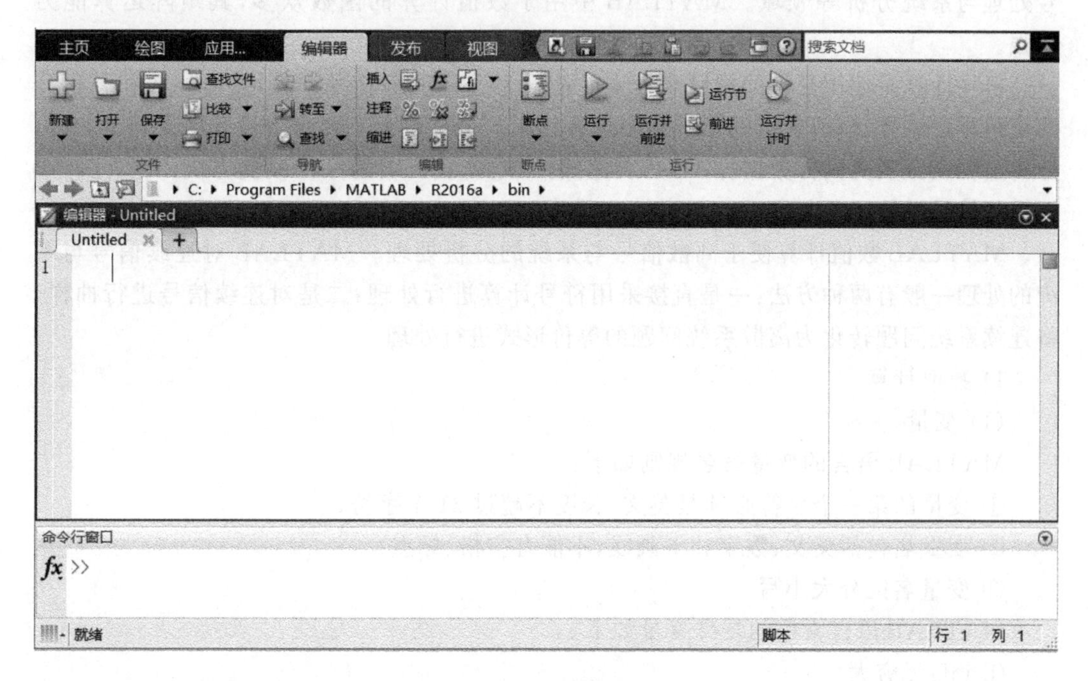

图 2　M 文件编辑器窗口

新建 M 文件有以下方法：

① 单击“新建”→“脚本”；

② 在命令窗口中输入“edit”后回车；

③ 单击“新建脚本”快捷按钮。

打开已有 M 文件有以下方法：

① 单击“打开文件”快捷按钮；

② 双击 M 文件名。

下面列出一些常用的 MATLAB 程序的调试方法。

① 断点(Breakpoints)：在代码中设置断点，MATLAB 会在执行到设置断点的位置时暂停，断点可以通过在编辑器中单击行号旁边的空白区来设置。

② 步进(Step Into)：在 MATLAB 的编辑器中，可以使用快捷按钮进行单步调试，逐行执行代码。

③ 步过(Step Over):使用快捷按钮可以在调试时跳过当前行,进行“步过”操作。

④ 步出(Step Out):若希望在调试过程中退出子函数,则可以使用快捷按钮进行“步出”操作。

⑤ 监视变量(Watch Variables):通过在工作空间观察或修改变量的值来调试程序。

⑥ 退出调试模式:可以使用“退出调试”快捷按钮来完成。

3. MATLAB 基本运算

MATLAB 具有数值计算和符号计算两个功能。

数值计算是基于实际数据的分析处理,是实验、仿真、工程处理的基础,广泛应用于信号处理与系统分析等领域。MATLAB 中用于数值计算的函数众多,其矩阵运算能力超强。

符号计算是使用已知的规则和给定的符号表达式求解符号方程,它与代数和微积分的求解方法一样,以解析式的形式给出分析结果。分析过程不要求变量有预先确定的值,分析过程完全脱离具体数据样本,是表达式推导、公式证明的一种便捷方法。MATLAB 提供了符号计算工具包。

MATLAB 数值计算便于离散信号与系统的分析处理。MATLAB 对连续信号与系统的处理一般有两种方法:一是直接采用符号计算进行处理;二是对连续信号进行抽样,将连续系统问题转化为离散系统问题的等价形式进行处理。

1) 数值计算

(1) 变量

MATLAB 语言的变量命名规则如下:

① 变量的第一个字符必须是英文,长度不超过 31 个字符;

② 变量名包括英文、数字和下画线,不能有空格、标点;

③ 变量名区分大小写。

MATLAB 语言常用的特殊变量如下:

① inf:无穷大。

② i 或 j:虚数。

③ pi:圆周率。

④ NaN:不是数。

⑤ ans:默认计算结果。

(2) 矩阵的创建

矩阵主要的创建方法如下:

① 直接输入元素创建矩阵

命令中整个矩阵用[]括起来,每一行的各个元素之间用逗号或空格分开,矩阵不同行之间用分号或回车键分开。例如:

```
>> a = [1 2 3;4 5 6]
   a =
       1    2    3
```

```
    4   5    6
>>b=[1:2:9;2:2:10]
    b=
        1  3  5  7  9
        2  4  6  8  10
```

② 通过函数生成特殊矩阵

常用的函数如下：

ones：生成全 1 矩阵。

zeros：生成全 0 矩阵。

eye：生成单位矩阵。

rand：生成随机矩阵。

(3) 矩阵的运算

① 矩阵的加法和减法运算

A+B、A−B：矩阵的对应元素进行加法或减法运算，两个矩阵维数要相等。

A+s、A−s：矩阵与标量的加减法，标量要与矩阵各个元素进行相应的运算。

② 矩阵的乘法运算

A * B：第一个矩阵 A 的列数必须等于第二个矩阵 B 的行数。

s * A：矩阵与标量的乘法，标量要与矩阵各个元素进行乘法运算。

③ 矩阵的除法运算

A\B：矩阵 A 左除矩阵 B，即矩阵 A 的逆矩阵与矩阵 B 左乘。

B/A：矩阵 A 右除矩阵 B，即矩阵 A 的逆矩阵与矩阵 B 右乘。

④ 矩阵的转置

A'：用撇号表示矩阵 A 的转置。

⑤ 矩阵的乘方

A^p：用^表示矩阵 A 的 p 次方。

⑥ 点运算

矩阵的点运算是指两个维数相同的矩阵对应元素的算术运算，常用的点运算如下：

A. * B：点乘，即矩阵 A 与矩阵 B 的对应元素相乘。

B. \A：点左除，即矩阵 A 的对应元素除以矩阵 B 的对应元素。

A. /B：点右除，即矩阵 A 的对应元素除以矩阵 B 的对应元素。

A. ^p：点乘方，即矩阵 A 对应元素的 p 次方。

⑦ 关系运算

MATLAB 基本的关系运算符有六种，分别为：

<：小于。

>：大于。

==：等于。

<=：小于或等于。

>=：大于或等于。

~=：不等于。

使用关系运算符时，两个运算元的维数要相同，运算结果为0或1，0表示逻辑假，1表示逻辑真。

⑧ 逻辑运算

MATLAB基本的逻辑运算符有六种，分别为：

&：逻辑与。

|：逻辑或。

~：逻辑非。

xor：逻辑异或。

any：有非零元则为真。

all：所有元非零则为真。

使用逻辑运算符时，两个运算元的维数要相同，并对两个运算元对应位置的元素进行逻辑运算。

2）符号计算

（1）定义符号变量或符号表达式

进行符号计算前要首先定义符号变量，并创建符号表达式。定义符号变量的语法格式为

```
syms 变量名
```

可以同时定义多个变量，各个变量名之间要用空格隔开，不能用逗号或分号等分隔。例如：

```
>> syms a b c;
```

定义符号表达式的语法格式为

```
sym('表达式')
```

例如：要定义表达式 x^2+3x+1 为符号表达式，语句格式为

```
>> sym('x^2 + 3x + 1');
```

此外，还有一种定义符号表达式的方法为：首先定义符号变量，然后直接写出符号表达式。例如：

```
>> syms a;
>> y = x^2 + 3x + 1;
```

（2）符号表达式化简

符号表达式可以有许多等价形式，而在不同的应用场合中，某种形式可能会优于另一

种形式，所以可以使用 simple、simplify 等命令来对符号表达式进行化简。

4. 绘图

MATLAB 的绘图功能非常强大，其绘图指令丰富，绘图过程简洁。通过 MATLAB 的绘图工具，可以将实验或工程数据进行图形化描述，从而进行数据可视化分析。本节将初步了解 MATLAB 强大的绘图语言。

1) 基本的绘图命令

下面介绍最基本的二维绘图命令 plot、ezplot 和 stem。

(1) plot 命令

plot 命令用来绘制连续信号的波形，其调用格式如下。

plot(x,'s')：输出以向量 x 元素的序号为横坐标，以向量 x 的元素值为纵坐标的图形；s 用来指定线型、颜色、数据点型等，此参数缺省时，MATLAB 将按默认设置为每条曲线选择线型和颜色等。

plot(x,y,'s')：输出以向量 x 为横坐标，以向量 y 为纵坐标，且按照向量 x、y 的元素顺序有序绘制的图形。向量 x 和 y 必须具有相同长度。

plot(x1,y1,'s1', x2,y2,'s2',…)：用 s1 指定的方式，输出以向量 x1 为横坐标，以向量 y1 为纵坐标的图形；用 s2 指定的方式，输出以向量 x2 为横坐标，以向量 y2 为纵坐标的图形。相当于在一张图上多次使用 plot(x,y,'s')指令。

(2) ezplot 命令

ezplot 命令用来绘制符号表达式的曲线，其调用格式如下。

ezplot(y,[a,b])：y 为符号表达式，参数$[a,b]$表示符号表达式的自变量取值范围，默认值为$[0,2\pi]$。

(3) stem 命令

stem 命令用来绘制离散信号的波形，绘制出来的波形是点点分离的，其调用格式如下。

stem (x,'s')：以向量 x 元素的序号为横坐标，以向量 x 的元素值为纵坐标绘制样本点；s 用来指定线型、颜色、标记符号等。

stem (x,'filled')：用实心圆点绘制样本点。

stem (x,y,'s')：以向量 x 为横坐标，以向量 y 为纵坐标绘制样本点。向量 x 和 y 必须具有相同长度。

2) 常用的图形控制命令

下面介绍常用的图形控制命令。

clf：清除当前图形。

subplot(m,n,p)：将图形窗口分成 m 行 n 列的子窗口，第 p 个子窗口为当前窗口。子窗口的编号从左上角开始，从左向右、从上向下依次排列。

axis([xmin,xmax,ymin,ymax])：调整横纵坐标轴的显示范围，xmin、xmax 为横坐标起止点，ymin、ymax 为纵坐标起止点。

title('s')：给图形加标题。

xlabel('s')：给横坐标加标注。

ylabel('s'):给纵坐标加标注。

grid on:画网格线。

grid off:不画网格线。

hold on:保持当前图形,允许继续在当前窗口绘制其他图形。

hold off:释放当前图形窗口,绘制的下一幅图形作为当前图形。

5. 流程控制

MATLAB提供四种流程控制的语言结构,分别是:for循环结构、while循环结构、if-else-end分支结构和switch-case分支结构。

1) for循环结构

for循环结构用于执行指定次数的循环,通常由循环体和循环条件组成,其语法格式为

```
for 循环变量=初始值:步长:终值
  循环体
end
```

循环变量从初始值开始,每执行一次循环体语句,变量就增加一个步长值,直到循环变量等于终值为止。步长可以为负数或正数,默认为1。for循环可以进行嵌套使用。

2) while循环结构

while循环结构用于执行次数不确定的循环,根据逻辑条件来决定循环执行的次数。其语法格式为

```
while 逻辑表达式
  循环体
end
```

while循环在执行循环体前要先判断逻辑表达式是否为真,如果逻辑表达式为真,即循环条件成立,则执行循环体语句;如果逻辑表达式为假,即循环条件不成立,则退出循环。while循环可以进行嵌套使用。

3)if-else-end分支结构

if分支结构根据一定的逻辑条件来执行不同的操作。常用的分支结构包括单分支、双分支和多分支结构。

(1) 单分支结构

单分支结构的语法格式为

```
if 表达式
  语句
end
```

如果表达式的值为真,则执行语句中的命令,否则跳出该分支结构,按顺序执行后面的程序。

（2）双分支结构

双分支结构的语法格式为

```
if 表达式
  语句 1
else
  语句 2
end
```

如果表达式的值为真，则执行语句 1 中的命令，否则执行语句 2 中的命令。

（3）多分支结构

多分支结构的语法格式为

```
if 表达式 1
  语句 1
elseif 表达式 2
  语句 2
  ……
else
  语句 n
end
```

如果表达式 1 为真，则执行语句 1 中的命令；如果表达式 1 为假，但表达式 2 为真，则执行语句 2 中的命令；依次类推，如果结构中的所有表达式都为假，则执行语句 n 中的命令。

4）switch-case 分支结构

switch-case 分支结构根据表达式取值的不同来选择执行的操作，其语法格式为

```
switch 表达式
  case 常量 1
    语句 1
  case 常量 2
    语句 2
    ……
  otherwise
    语句 n
end
```

switch 后面的表达式可以是一个标量或字符串。首先要计算表达式的值，然后将它依次与各个 case 后的常量进行比较。如果表达式的值与常量 1 相等，则执行语句 1，然后跳出 switch 结构；如果表达式的值与常量 2 相等，则执行语句 2，然后跳出 switch 结构；如果表达式的值与所有常量都不相等，则执行 otherwise 后面的语句 n，然后跳出 switch 结构。

6. M 文件

MATLAB 的源程序都是存放在以.m 为扩展名的文件中的，称为 M 文件。M 文件是一个纯文本文件，可以使用 MATLAB 自带的编辑器编辑，也可以用其他纯文本编辑器编辑。

M 文件的文件名可以包含字母、数字、下画线，但必须以字母开头，不能以数字开头，长度不超过 32 个字符，区分大小写，不能与 MATLAB 的内部函数同名，也不能与当前工作空间的参数、变量同名。

M 文件有两种类型：一种是脚本文件，类似于批处理文件；另一种是 M 函数文件，它能接收输入的变量，然后执行并输出结果。

1）脚本文件

脚本文件是由一系列 MATALB 命令、内置函数和 M 文件构成的文件。脚本文件的执行方式很简单，只需要在命令窗口输入脚本文件的文件名，MATLAB 就会自动执行该文件。脚本文件在执行时不需要输入参数，也不需要指定输出变量来接受处理结果。当在 MATLAB 中执行脚本文件时，MATLAB 会从脚本文件中读取命令，并依次执行，生成的变量放在当前的工作空间中。

2）M 函数文件

M 函数文件是接受外界的输入参数返回输出参数的 M 文件，可以被其他程序或用户调用。M 函数文件的代码结构和调用方式与脚本文件不同。M 函数是以函数声明行“function”作为开始的。若没有特别声明，M 函数中的变量都是局部变量，函数运行完毕后，其定义的变量将从工作空间中清除。

M 函数的语法格式为

```
function 输出形参表 = 函数名(输入形参表)
%注释说明部分
函数体语句
```

其中：①function 后面要声明函数名、输入参数和输出参数；②M 函数的名称必须与文件名相同，这样 MATLAB 才能正确地识别和调用该函数；③M 函数的输入输出参数可以有 0 个、1 个或多个，M 函数可以按少于或等于 M 函数文件所定义的输入输出变量进行调用，但不能多于定义的输入输出变量进行调用；④注释说明部分提供关于 M 函数的用途和如何使用的信息；⑤函数体语句包含执行特定功能的代码。

M 函数文件可以将具有一定功能的脚本文件进行封装，有助于程序模块化，构建大型程序。

第2部分 信号与系统实验

实验1 连续时间信号的表示

一、实验目的

(1) 熟悉直流信号、正弦交流信号、实指数信号、复指数信号、单位冲激信号、单位阶跃信号、符号信号、抽样信号、矩形脉冲信号的表示。

(2) 掌握常用连续时间信号的 MATLAB 表示方法。

二、实验原理

信号是随时间变化的物理量。时域信号是将信号表示成时间的函数 $x(t)$，信号的时域特性是指信号的波形出现的先后、持续时间的长短、随时间变化的快慢等特性。

常用的连续时间信号有直流信号、正弦交流信号、实指数信号、复指数信号、单位冲激信号、单位阶跃信号、符号信号、抽样信号、矩形脉冲信号等。

1. 直流信号

直流信号定义为

$$x(t)=A$$

其中，A 为常数。

2. 正弦交流信号

正弦交流信号定义为

$$x(t)=A\sin(\omega t+\varphi)$$

其中，A 为正弦交流信号的幅值，ω 为正弦交流信号的角频率，φ 为正弦交流信号的初始相位。

3. 实指数信号

实指数信号定义为

$$x(t)=A\mathrm{e}^{\alpha t}$$

其中，A 为实指数信号的幅值，α 为实数。当 $\alpha>0$ 时，实指数信号 $x(t)$ 按指数规律增长；当 $\alpha<0$ 时，实指数信号 $x(t)$ 按指数规律衰减；当 $\alpha=0$ 时，实指数信号 $x(t)$ 为直流信号。

4. 复指数信号

复指数信号定义为

$$x(t)=A\mathrm{e}^{st}=A\mathrm{e}^{(\alpha+\mathrm{j}\omega)t}$$

其中，A 为复指数信号的幅值，α、ω 为实数，$s=\alpha+\mathrm{j}\omega$ 为复变量。由欧拉公式可对其进一步推导，得到：

$$x(t)=A\mathrm{e}^{\alpha t}\cos(\omega t)+\mathrm{j}A\mathrm{e}^{\alpha t}\sin(\omega t)$$

其中，当 $\omega=0$ 时，$x(t)=A\mathrm{e}^{\alpha t}$ 是实指数信号；当 $\alpha>0$、$\omega\neq0$ 时，复指数信号 $x(t)$ 的实部和虚部是按指数规律增长的正弦振荡信号；当 $\alpha<0$、$\omega\neq0$ 时，复指数信号 $x(t)$ 的实部和虚部是按指数规律衰减的正弦振荡信号；当 $\alpha=0$、$\omega\neq0$ 时，复指数信号 $x(t)$ 为虚指数信号，其实部和虚部是等幅的正弦振荡信号。

5. 单位冲激信号

单位冲激信号常以符号 $\delta(t)$ 表示，其定义为

$$\begin{cases}\int_{-\infty}^{\infty}\delta(t)\,\mathrm{d}t=1\\ \delta(t)=0 \qquad (t\neq0)\end{cases}$$

6. 单位阶跃信号

单位阶跃信号常以符号 $u(t)$ 表示，其定义为

$$u(t)=\begin{cases}1 & (t>0)\\ 0 & (t<0)\end{cases}$$

7. 符号信号

符号信号常以符号 $\mathrm{sign}(t)$ 表示，其定义为

$$\mathrm{sign}(t)=\begin{cases}1 & (t>0)\\ -1 & (t<0)\end{cases}$$

8. 抽样信号

抽样信号常以符号 $\mathrm{Sa}(t)$ 表示，其定义为

$$\mathrm{Sa}(t)=\frac{\sin t}{t}$$

9. 矩形脉冲信号

矩形脉冲信号（门信号）可以用阶跃信号来表示，如下：

$$x(t)=u\left(t+\frac{\tau}{2}\right)-u\left(t-\frac{\tau}{2}\right)$$

其中，τ 为矩形脉冲信号的脉宽。

三、实验内容

从严格意义上讲，MATLAB 数值计算的方法并不能处理连续时间信号，但是可以利用连续信号在等时间间隔点的抽样值来近似表示连续信号。当抽样时间间隔足够小时，离散样值能够被 MATLAB 处理，并且能较好地近似表示连续时间信号。

1. 直流信号的 MATLAB 表示

例 1　用 MATLAB 表示直流信号 $x(t)=A$。

MATLAB 程序如下：

```
t = linspace(0,1,1000);
A = 2;
x = A * ones(size(t));
plot(t,x,'linewidth',2);
grid on;
title('直流信号');
xlabel('t');ylabel('x(t)');
```

生成的直流信号如图 1-1 所示。

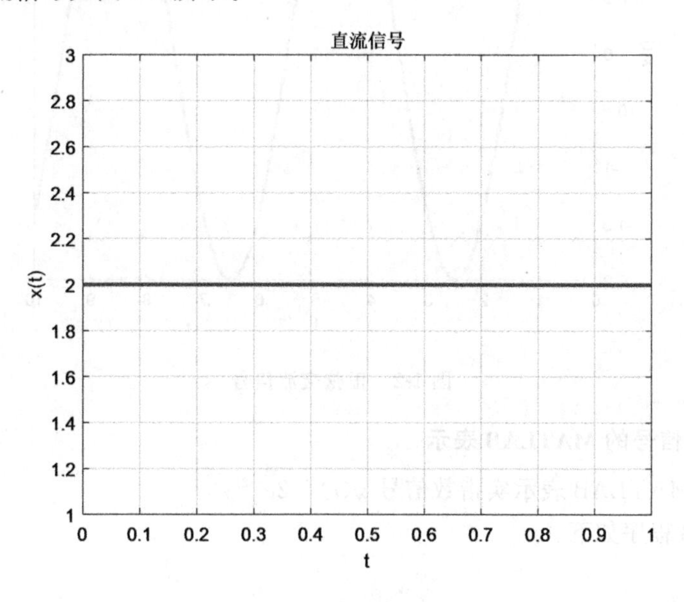

图 1-1　直流信号

2. 正弦交流信号的 MATLAB 表示

例 2　用 MATLAB 表示正弦交流信号 $x(t)=2\sin\left(\frac{\pi}{2}t+\frac{\pi}{4}\right)$。

MATLAB 程序如下：

```
t = 0:0.01:10;
A = 2;
w = pi/2;
phi = pi/4;
x = A * sin(w * t + phi);
plot(t,x,'linewidth',2);
grid on;
title('正弦信号');
xlabel('t');ylabel('x(t)');
axis([0,10,-2,2]);
```

生成的正弦交流信号如图 1-2 所示。

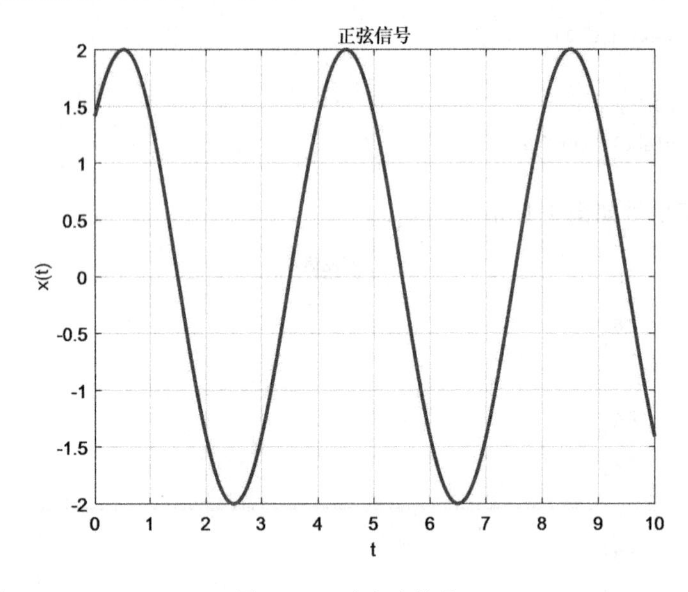

图 1-2　正弦交流信号

3. 实指数信号的 MATLAB 表示

例 3　用 MATLAB 表示实指数信号 $x(t)=2e^{-2t}$。

MATLAB 程序如下：

```
t = 0:0.01:5
A = 2;
a =- 2;
x = A * exp(a * t);
```

```
plot(t,x,'linewidth',2);
grid on;
title('实指数信号');
xlabel('t');ylabel('x(t)');
axis([0,5,0,2]);
```

生成的实指数信号如图 1-3 所示。

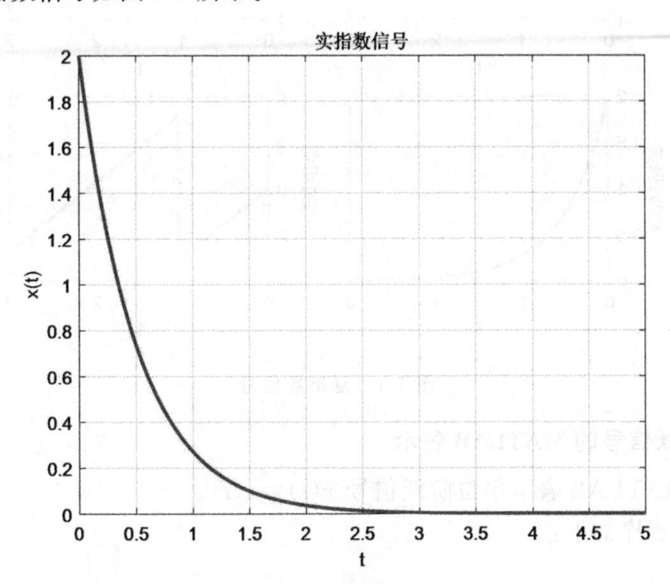

图 1-3 实指数信号

4. 复指数信号的 MATLAB 表示

例 4 用 MATLAB 表示复指数信号 $x(t)=2\mathrm{e}^{-(2+3\mathrm{j})t}$。

MATLAB 程序如下：

```
t = 0:0.01:3;
A = 2;a = 2;b = 3;
x = A * exp( - (a + i * b) * t);
subplot(2,2,1);plot(t,real(x),'linewidth',2);grid on;
xlabel('t');ylabel('x(t)的实部');
subplot(2,2,2);plot(t,imag(x),'linewidth',2);grid on;
xlabel('t');ylabel('x(t)的虚部');
subplot(2,2,3);plot(t,abs(x),'linewidth',2);grid on;
xlabel('t');ylabel('x(t)的模值');
subplot(2,2,4);plot(t,angle(x),'linewidth',2);grid on;
xlabel('t');ylabel('x(t)的相角');
suptitle('复指数信号');
```

生成的复指数信号如图 1-4 所示。

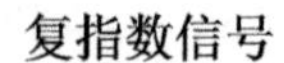

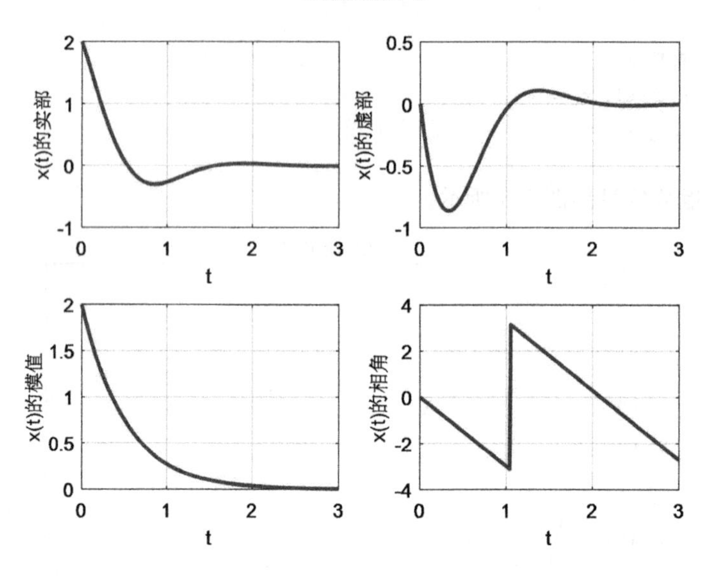

图 1-4　复指数信号

5．单位阶跃信号的 MATLAB 表示

例 5　用 MATLAB 表示单位阶跃信号 $x(t)=u(t)$。

MATLAB 程序如下：

```
t=-1:0.001:5;
x=(t>=0);
plot(t,x,'linewidth',2);
grid on;
title('单位阶跃信号');
xlabel('t');ylabel('x(t)');
axis([-1,5,-0.2,1.2]);
```

也可以使用 heaviside()函数，其调用格式如下：

heaviside(t)，当 $t>0$ 时，返回 1；当 $t<0$ 时，返回 0；当 $t=0$ 时，返回 1/2。

MATLAB 程序如下：

```
t=-1:0.001:5;
x=heaviside(t);
plot(t,x,'linewidth',2);
grid on;
title('单位阶跃信号');
xlabel('t');ylabel('x(t)');
axis([-1,5,-0.2,1.2]);
```

生成的单位阶跃信号如图 1-5 所示。

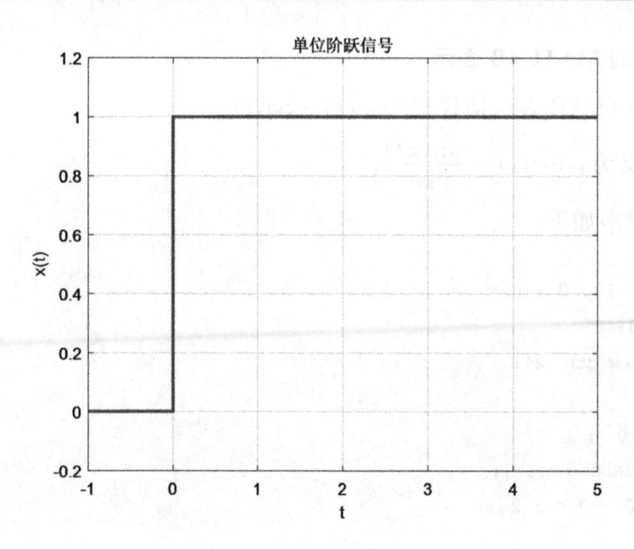

图 1-5 单位阶跃信号

6. 符号信号的 MATLAB 表示

例 6 用 MATLAB 表示符号信号 $x(t)=\text{sign}(t)$。

MATLAB 程序如下：

```
t=-5:0.001:5;
x=sign(t);
plot(t,x,'linewidth',2);
grid on;
title('符号信号');
xlabel('t');ylabel('x(t)');
axis([-5,5,-1.5,1.5]);
```

生成的符号信号如图 1-6 所示。

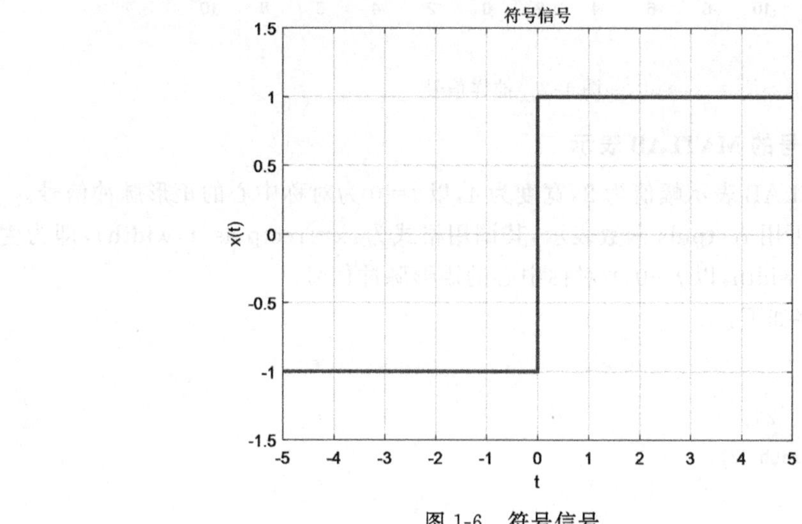

图 1-6 符号信号

7. 抽样信号的 MATLAB 表示

例 7 用 MATLAB 表示抽样信号 $x(t)=\text{Sa}(t)$。

sinc(t)的定义为：$\text{sinc}(t)=\dfrac{\sin(\pi t)}{\pi t}$。

MATLAB 程序如下：

```
t = linspace( - 10,10);
x = sinc(t/pi);
plot(t,x,'linewidth',2);
grid on;
title('抽样信号');
xlabel('t');ylabel('x(t)');
axis([ - 10,10, - 0.4,1.2]);
```

生成的抽样信号如图 1-7 所示。

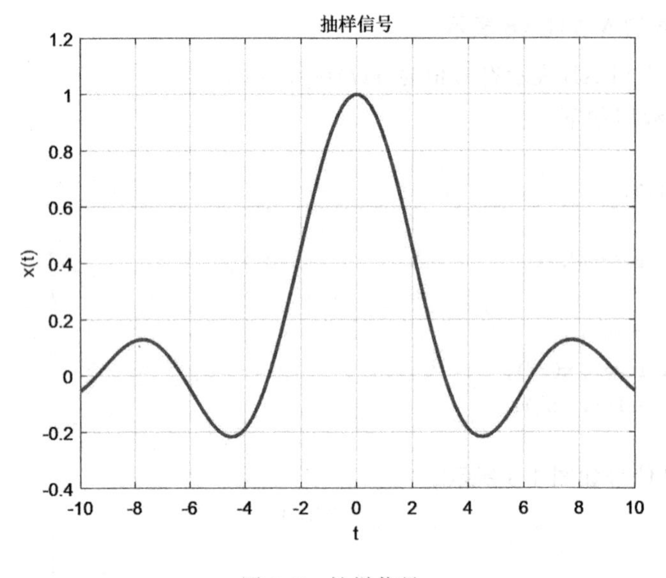

图 1-7 抽样信号

8. 矩形脉冲信号的 MATLAB 表示

例 8 用 MATLAB 表示幅值为 2，宽度为 4，以 $t=0$ 为对称中心的矩形脉冲信号。

矩形脉冲信号可用 rectpuls 函数表示，其调用格式为：x=rectpuls(t，width)，即为生成幅值为 1，宽度为 width，以 $t=0$ 为对称中心的矩形脉冲信号。

MATLAB 程序如下：

```
t =- 3:0.001:3;
x = 2 * rectpuls(t,4);
plot(t,x,'linewidth',2);
grid on;
```

```
title('矩形脉冲信号');
xlabel('t');ylabel('x(t)');
axis([-3,3,-0.5,2.5]);
```

生成的矩形脉冲信号如图 1-8 所示。

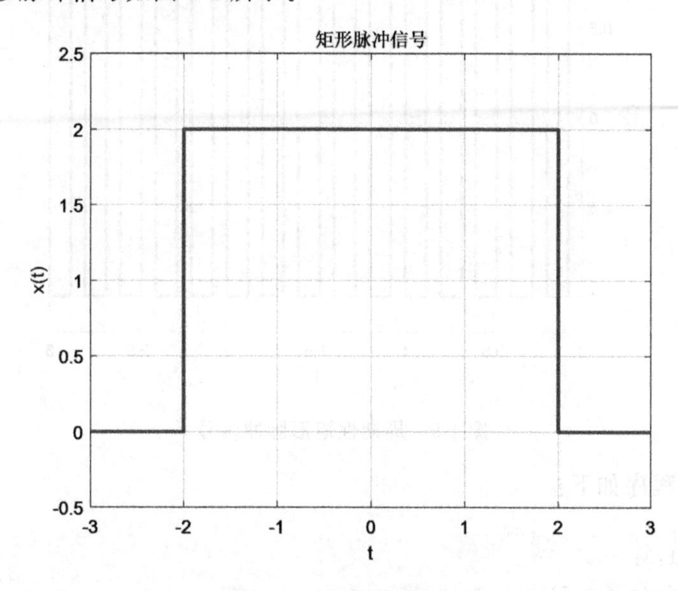

图 1-8 矩形脉冲信号

例 9 用 MATLAB 表示周期为 1/5,幅值为±1,占空比为 40%的周期性矩形脉冲信号。

周期性矩形脉冲信号可用 square 函数表示,其调用格式为:x=square(t,Duty),即为生成周期为 2π,幅值为±1 的周期性矩形脉冲信号。其中,参数 Duty 表示信号的占空比为 Duty%,即在一个周期内脉冲宽度与脉冲周期的比值,默认占空比为 50%。

MATLAB 程序如下:

```
t=0:0.001:3;
x=square(2*pi*5*t,40);
plot(t,x,'linewidth',2);
grid on;
title('周期性矩形脉冲信号');
xlabel('t');ylabel('x(t)');
axis([0,3,-1.2,1.2]);
```

生成的周期性矩形脉冲信号如图 1-9 所示。

9. 三角脉冲信号的 MATLAB 表示

例 10 用 MATLAB 表示幅值为 3,宽度为 4(以 $t=0$ 为中心左右各展开 2),斜度为 0.5 的三角脉冲信号。

三角脉冲信号可用 tripuls 函数表示,其调用格式为:x=tripuls(t,width,skew),即为生成幅值为 1,宽度为 width(以 $t=0$ 为中心左右各展开的 width/2 大小),斜度为 skew

的三角脉冲信号。

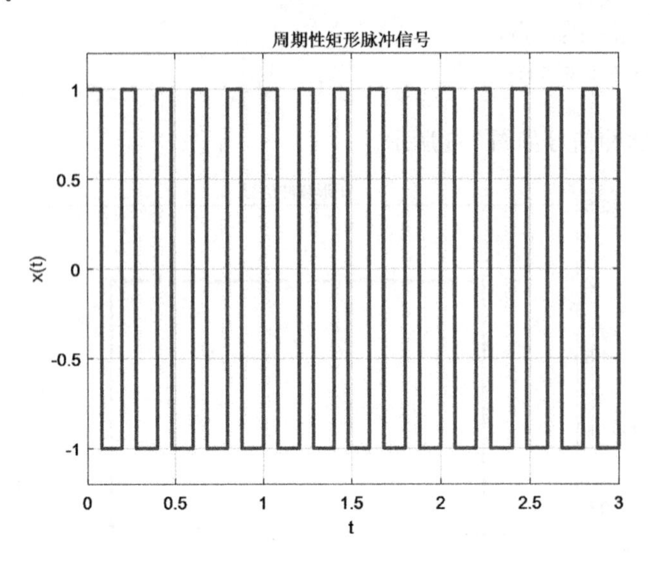

图 1-9　周期性矩形脉冲信号

MATLAB 程序如下：

```
t=-3:0.001:3;
x=3*tripuls(t,4,0.5);
plot(t,x,'linewidth',2);
grid on;
title('三角脉冲信号');
xlabel('t');ylabel('x(t)');
axis([-3,3,-0.5,3.5]);
```

生成的三角脉冲信号如图 1-10 所示。

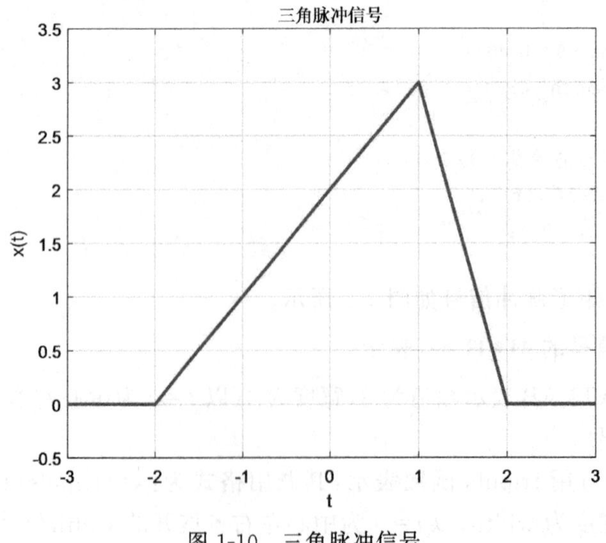

图 1-10　三角脉冲信号

例 11 用 MATLAB 表示周期为 2，幅值为±1，位置横坐标占比为 50%的周期性三角脉冲信号的波形。

周期性三角脉冲信号可用 sawtooth 函数表示，其调用格式为：x＝sawtooth(t, width)，即为生成周期为 2π，幅值为±1 的周期性三角脉冲信号。其中，参数 width 表示信号的位置横坐标与周期的比值。

MATLAB 程序如下：

```
t=-6:0.001:6;
x=sawtooth(pi*t,0.5);
plot(t,x,'linewidth',2);
grid on;
title('周期性三角脉冲信号');
xlabel('t');ylabel('x(t)');
axis([-6,6,-1.2,1.2]);
```

生成的周期性三角脉冲信号如图 1-11 所示。

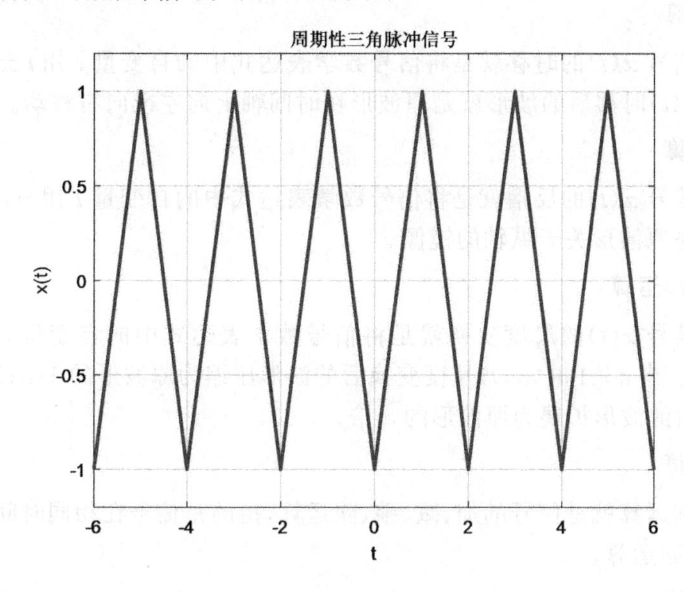

图 1-11 周期性三角脉冲信号

四、实验习题

(1) 用 MATLAB 表示幅值为 1，宽度为 1 的门信号。

(2) 用 MATLAB 表示幅值为±2，周期为 1，占空比为 0.5 的周期性矩形脉冲信号。

(3) 用 MATLAB 表示信号 $x(t)=\sin 2t+\cos 3t$。

(4) 用 MATLAB 表示衰减振荡信号 $x(t)=\mathrm{e}^{-0.1t}\cdot\sin\left(\frac{2}{3}t\right)$。

实验 2　连续时间信号的运算

一、实验目的

(1) 理解连续时间信号的时移、反褶、尺度变换、四则运算、微积分和卷积运算。

(2) 掌握连续时间信号基本运算的 MATLAB 仿真。

二、实验原理

信号的运算通常包括时移运算、反褶运算、尺度变换运算、四则运算、微积分运算和卷积运算等。

1. 时移运算

连续时间信号 $x(t)$的时移就是将信号数学表达式中的自变量 t 用 $t\pm t_0$ 替换,其中,t_0 为正实数。$x(t)$时移后的波形就是原波形在时间轴上向左或向右移动。

2. 反褶运算

连续时间信号 $x(t)$的反褶就是将信号数学表达式中的自变量 t 用 $-t$ 替换。$x(t)$反褶后的波形就是原波形关于纵轴的镜像。

3. 尺度变换运算

连续时间信号 $x(t)$的尺度变换就是将信号数学表达式中的自变量 t 用 at 替换,其中,a 为正实数。当 $a>1$ 时,$x(t)$尺度变换后的波形压缩为原波形的 $1/a$;当 $0<a<1$ 时,$x(t)$尺度变换后的波形扩展为原波形的 a 倍。

4. 四则运算

信号的四则运算就是信号的加、减、乘、除运算,指的是信号在相同时间点上的函数值对应加、减、乘、除运算。

5. 微分运算

信号的微分是指信号对时间的导数,可表示为

$$x'(t)=\frac{\mathrm{d}}{\mathrm{d}t}[x(t)]$$

6. 积分运算

信号的积分是指信号在区间$(-\infty,t)$上的变上限积分,可表示为

$$x^{(-1)}(t)=\int_{-\infty}^{t}x(\tau)\mathrm{d}\tau$$

7. 卷积运算

对于任意两个信号 $x_1(t)$和 $x_2(t)$,其线性卷积可表示为

$$x_1(t) * x_2(t) = \int_{-\infty}^{\infty} x_1(\tau) \cdot x_2(t-\tau) \mathrm{d}\tau$$

三、实验内容

1. 时移运算

例 1 已知连续时间信号 $x(t)=\sin(\pi t)$，用 MATLAB 表示时移信号 $x(t-0.5)$。MATLAB 程序如下：

```
t = 0:0.01:6;
x1 = sin(pi * t);
x2 = sin(pi * (t - 0.5));
plot(t,x1,'b--',t,x2,'r.','linewidth',2);
grid on;
title('信号的时移');
xlabel('t');ylabel('x(t)');
```

信号时移后的波形如图 2-1 所示。

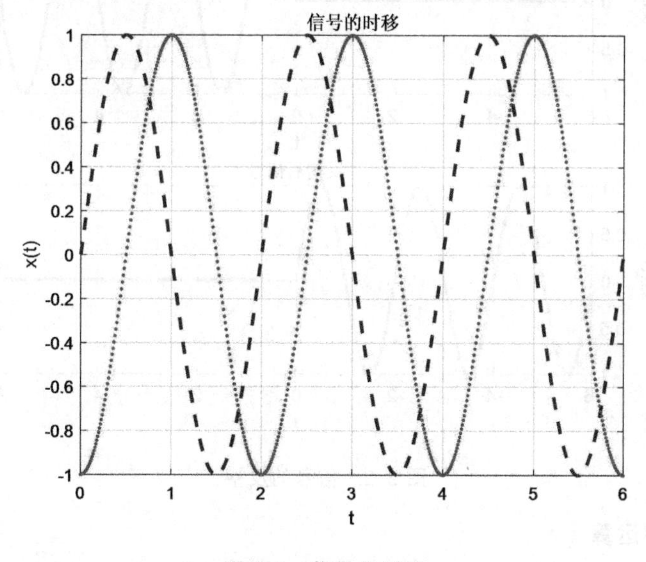

图 2-1 信号的时移

2. 反褶运算

例 2 已知连续时间信号 $x(t)=\sin(\pi t)\cdot u(t)$，用 MATLAB 表示反褶后的信号 $x(-t)$ 的波形。

MATLAB 程序如下：

```
t = - 6:0.01:6;
u = (t >= 0);
```

```
x = sin(pi * t);
x1 = x. * u;
x2 = fliplr(x1);
subplot(2,1,1);
plot(t,x1,'linewidth',2);
grid on;
title('原始信号');
xlabel('t');ylabel('x1(t)');
subplot(2,1,2);
plot(t,x2,'linewidth',2);
grid on;
title('反褶后信号');
xlabel('t');ylabel('x2(t)');
```

信号反褶后的波形如图 2-2 所示。

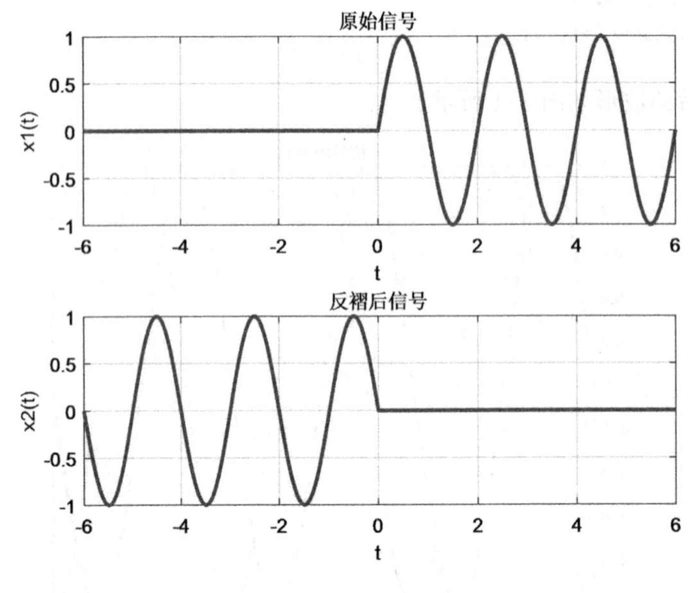

图 2-2　信号的反褶

3. 尺度变换运算

例 3　已知连续时间信号 $x(t)$ 为三角脉冲信号，幅值为 2，宽度为 2，以 $t=0$ 为对称中心，斜度为 0.5，用 MATLAB 表示尺度变换后的信号 $x(2t)$ 和 $x\left(\frac{t}{2}\right)$ 的波形。

MATLAB 程序如下：

```
t = - 3:0.001:3;
x1 = 2 * tripuls(t,2,0.5);
x2 = 2 * tripuls(2 * t,2,0.5);
x3 = 2 * tripuls(t/2,2,0.5);
```

```
subplot(3,1,1);
plot(t,x1,'linewidth',2);
grid on;
title('原始信号 x(t)');
xlabel('t');ylabel('x1(t)');
subplot(3,1,2);
plot(t,x2,'linewidth',2);
grid on;
title('压缩后信号 x(2t)');
xlabel('t');ylabel('x2(t)');
subplot(3,1,3);
plot(t,x3,'linewidth',2);
grid on;
title('扩展后信号 x(t/2)');
xlabel('t');ylabel('x3(t)');
```

信号尺度变换后的波形如图 2-3 所示。

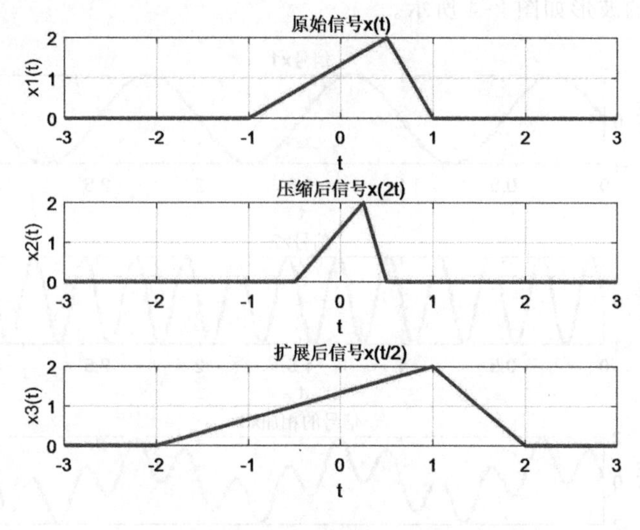

图 2-3 信号的尺度变换

4. 相加运算

例 4 已知连续时间信号 $x_1(t)=\sin 2\pi t$ 和 $x_2(t)=\sin 8\pi t$,用 MATLAB 表示信号 $x_1(t)$和 $x_2(t)$相加后 $x_3(t)$的波形。

MATLAB 程序如下:

```
t = 0:0.001:3;
x1 = sin(2 * pi * t);
x2 = sin(8 * pi * t);
```

```
x3 = x1 + x2;
subplot(3,1,1);
plot(t,x1,'linewidth',2);
grid on;
title('信号 x1');
xlabel('t');ylabel('x1(t)');
subplot(3,1,2);
plot(t,x2,'linewidth',2);
grid on;
title('信号 x2');
xlabel('t');ylabel('x2(t)');
subplot(3,1,3);
plot(t,x3,'linewidth',2);
grid on;
title('信号的相加 x3');
xlabel('t');ylabel('x3(t)');
```

信号相加后的波形如图 2-4 所示。

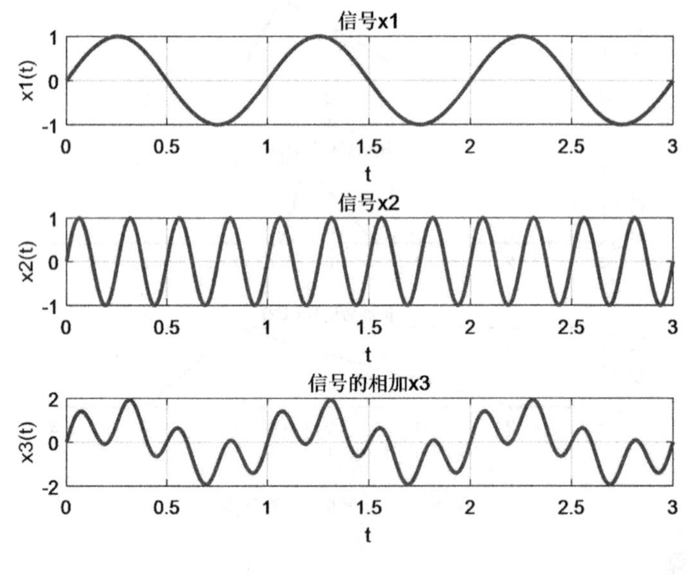

图 2-4　信号的相加

5. 相乘运算

例 5　已知连续时间信号 $x_1(t)$为矩形脉冲信号，幅值为 2，宽度为 4，正弦信号 $x_2(t)=\sin 8\pi t$，用 MATLAB 表示信号 $x_1(t)$和 $x_2(t)$相乘后 $x_3(t)$的波形。

MATLAB 程序如下：

```
t = -5:0.001:5;
width = 4;
```

```
x1 = 2 * rectpuls(t,width);
x2 = 2 * sin(3 * t);
x3 = x1. * x2;
subplot(3,1,1);
plot(t,x1,'linewidth',2);
grid on;
title('矩形脉冲信号 x1');
xlabel('t');ylabel('x1(t)');
axis([-5,5,-4,4]);
subplot(3,1,2);
plot(t,x2,'linewidth',2);
grid on;
title('正弦信号 x2');
xlabel('t');ylabel('x2(t)');
axis([-5,5,-4,4]);
subplot(3,1,3);
plot(t,x3,'linewidth',2);
grid on;
title('信号的相乘 x3');
xlabel('t');ylabel('x3(t)');
axis([-5,5,-4,4]);
```

信号相乘后的波形如图 2-5 所示。

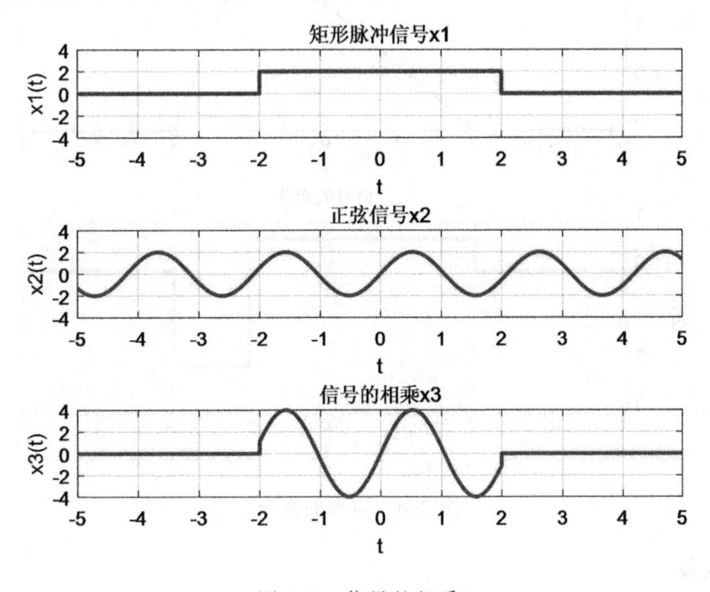

图 2-5 信号的相乘

6. 微分运算

例 6 已知连续时间信号 $x(t)$ 为三角脉冲信号，幅值为 2，宽度为 4，以 $t=0$ 为对称中心，斜度为 0.5，用 MATLAB 表示信号经微分后$\frac{dx(t)}{dt}$的波形。

MATLAB 程序如下：

```
dt = 0.001;
t =- 4:0.001:4;
x1 = 2 * tripuls(t,4,0.5);
x2 = diff(x1)/dt;
subplot(2,1,1);
plot(t,x1,'linewidth',2);
grid on;
title('原始信号');
xlabel('t');ylabel('x1(t)');
subplot(2,1,2);
plot(t(1:length(t) - 1),x2,'linewidth',2);
grid on;
title('信号的微分');
xlabel('t');ylabel('x2(t)');
```

信号微分后的波形如图 2-6 所示。

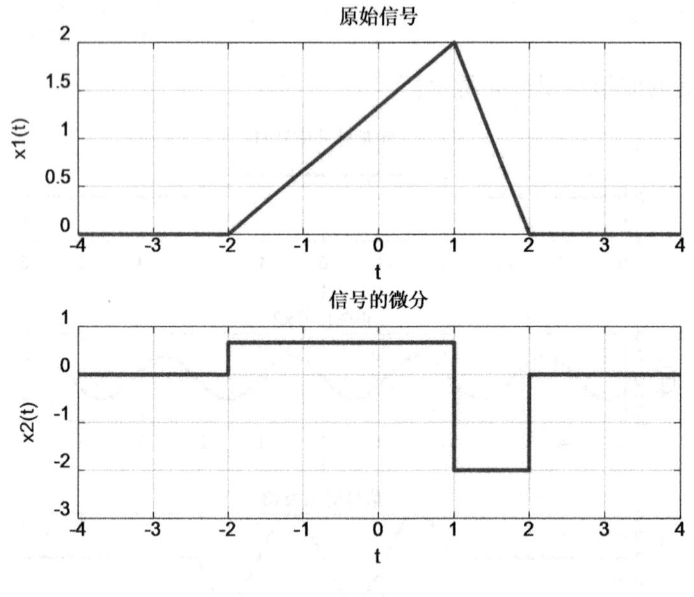

图 2-6　信号的微分

7. 积分运算

例 7　已知连续时间信号 $x(t)=t^2$，用 MATLAB 表示信号经积分后 $\int_{-\infty}^{t} f(\tau)d\tau$ 的波形。

MATLAB 程序如下：

```
syms t;
x1 = t * t;
x2 = int(x1);
subplot(2,1,1);
x1 = ezplot(x1);
set(x1,'linewidth',2);
grid on;
title('原始信号');
xlabel('t');ylabel('x1(t)');
axis([-6,6,0,40]);
subplot(2,1,2);
x2 = ezplot(x2);
set(x2,'linewidth',2);
grid on;
title('信号的积分');
xlabel('t');ylabel('x2(t)');
axis([-6,6,-50,50]);
```

信号积分后的波形如图 2-7 所示。

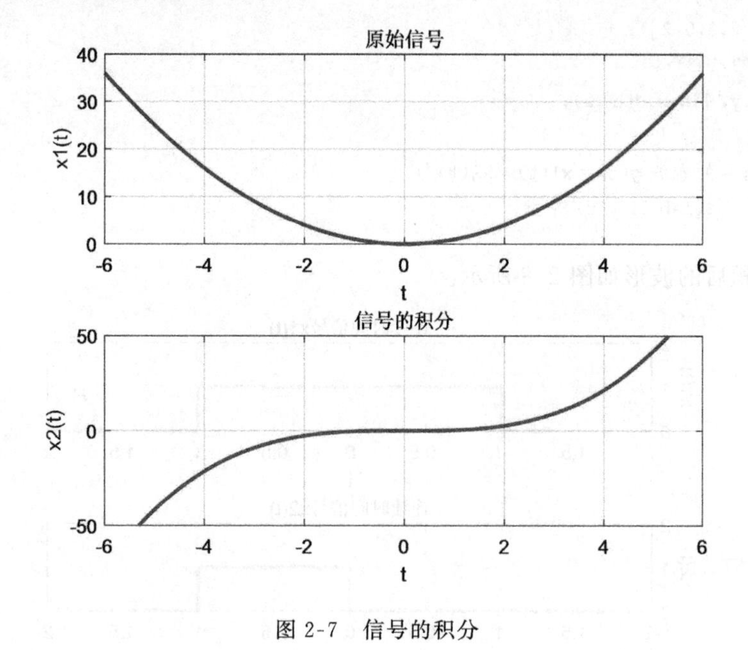

图 2-7 信号的积分

8. 卷积运算

例 8 已知连续时间信号 $x_1(t)=u(t+1)-u(t-1)$ 和 $x_2(t)=u(t)-u(t-1)$，用 MATLAB 表示卷积信号 $y(t)=x_1(t) * x_2(t)$ 的波形。

MATLAB 程序如下：

```
dt = 0.001;
t = - 2:dt:2;
x1 = heaviside(t + 1) - heaviside(t - 1);
x2 = heaviside(t) - heaviside(t - 1);
t1 = t(1) + t(1);
t2 = t(length(x1)) + t(length(x2));
ty = t1:dt:t2;
y = dt * conv(x1,x2);
subplot(3,1,1);
plot(t,x1,'linewidth',2);
grid on;
title('连续时间信号 x1(t)');
xlabel('t');ylabel('x1(t)');
axis([ - 2,2,0,2]);
subplot(3,1,2);
plot(t,x2,'linewidth',2);
grid on;
title('连续时间信号 x2(t)');
xlabel('t');ylabel('x2(t)');
axis([ - 2,2,0,2]);
subplot(3,1,3);
plot(ty,y,'linewidth',2);
grid on;
title('信号的卷积 y(t) = x1(t) * x2(t) ');
xlabel('t');ylabel('y(t)');
```

信号卷积后的波形如图 2-8 所示。

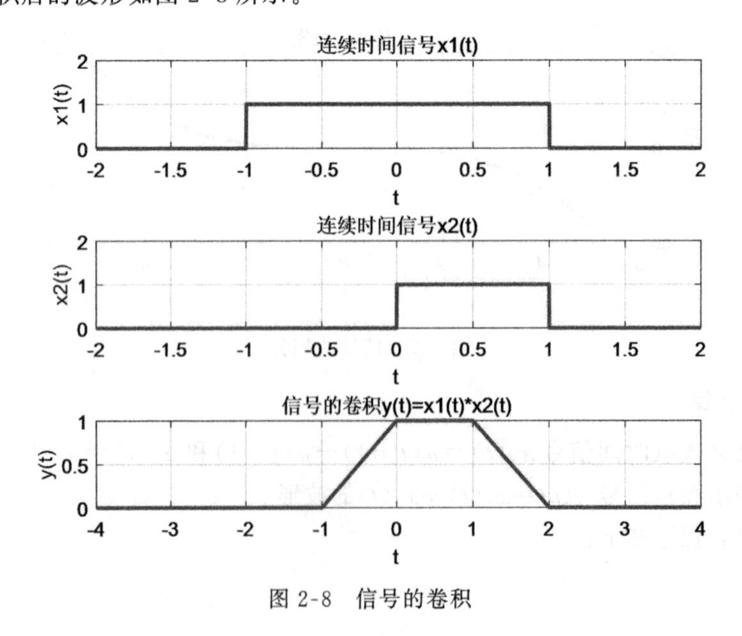

图 2-8 信号的卷积

四、实验习题

(1) 已知连续时间信号 $x(t)=\sin(\pi t)$,用 MATLAB 表示信号 $x(2t-1)$。

(2) 已知连续时间信号 $x_1(t)=u(t)$ 和 $x_2(t)=\sin 2\pi t$,用 MATLAB 表示信号的相加 $x_3(t)=x_1(t)+x_2(t)$。

(3) 已知连续时间信号 $x_1(t)=\sin 2\pi t$ 和 $x_2(t)=\sin 8\pi t$,用 MATLAB 表示信号的相乘 $x_3(t)=x_1(t)\cdot x_2(t)$。

(4) 已知连续时间信号 $x_1(t)=u(t+2)$ 和 $x_2(t)=u(t-2)$,用 MATLAB 表示矩形脉冲信号 $x_3(t)=u(t+2)-u(t-2)$。

(5) 已知连续时间信号 $x(t)=u(t)-u(t-1)$,用 MATLAB 表示信号的卷积 $y(t)=x(t)*x(t)$。

实验3　连续时间 LTI 系统的时域分析

一、实验目的

(1) 掌握连续时间 LTI 系统零状态响应的 MATLAB 求解方法。

(2) 掌握连续时间 LTI 系统单位冲激响应和单位阶跃响应的 MATLAB 求解方法。

二、实验原理

1. 连续时间 LTI 系统的响应

连续时间 LTI 系统可以用线性常系数微分方程来表示：

$$\begin{aligned} & a_n y^{(n)}(t)+a_{n-1}y^{(n-1)}(t)+\cdots+a_1 y'(t)+a_0 y(t) \\ =& b_m x^{(m)}(t)+b_{m-1}x^{(m-1)}(t)+\cdots+b_1 x'(t)+b_0 x(t) \end{aligned}$$

其中，$a_0,a_1,\cdots,a_n$ 和 $b_0,b_1,\cdots,b_m$ 为实常数。

系统的响应一般包括两部分：零输入响应和零状态响应。零输入响应是指系统在没有外加激励信号的作用下，仅由系统的起始状态所产生的响应；零状态响应是指在系统的起始状态等于零时，仅由外加激励信号作用所产生的响应。

对于连续时间 LTI 系统，当输入信号为单位冲激信号 $\delta(t)$ 时，产生的零状态响应称为系统的单位冲激响应，通常用 $h(t)$ 表示；当输入信号为单位阶跃信号 $u(t)$ 时，产生的零状态响应称为系统的单位阶跃响应 $g(t)$。

系统的零状态响应可以用卷积积分的方法求解，即 $y(t)=x(t)*h(t)$。

2. MATLAB 函数

MATLAB 提供了计算系统零状态响应、单位冲激响应和单位阶跃响应的函数，分别是 lsim 函数、impulse 函数和 step 函数。

(1) lsim 函数

计算系统的零状态响应。其调用格式为：y=lsim(sys,x,t)，其中，sys 是 LTI 系统模型，x 是系统输入信号，y 是系统输出信号，t 是 LTI 系统响应的抽样时间点。在求微分方程时，sys 是由 tf 函数根据微分方程系数生成的系统函数对象，其调用格式为：sys=tf(b,a)，其中，b 和 a 分别为微分方程输入和输出所对应的系数向量。

(2) impulse 函数

计算系统的单位冲激响应。其调用格式为：y=impulse(sys,t)，其中，sys 是 LTI 系统模型，t 是 LTI 系统响应的抽样时间点。

(3) step 函数

计算系统的单位阶跃响应。其调用格式为：y=step(sys,t)，其中，sys 是 LTI 系统模型，t 是 LTI 系统响应的抽样时间点。

三、实验内容

1. 系统的零状态响应

例 1 已知连续时间 LTI 系统的微分方程为

$$y''(t)+5y'(t)+6y(t)=3x(t)$$

其中，$x(t)=2\sin(2\pi t)$。用 MATLAB 绘制系统零状态响应的波形图。

MATLAB 程序如下：

```
t = 0:0.001:10;
sys = tf([3],[1,5,6]);
x = 2 * sin(2 * pi * t);
y = lsim(sys,x,t);
plot(t,y,'linewidth',2);
grid on;
title('零状态响应');
xlabel('t');ylabel('y(t)');
```

系统的零状态响应如图 3-1 所示。

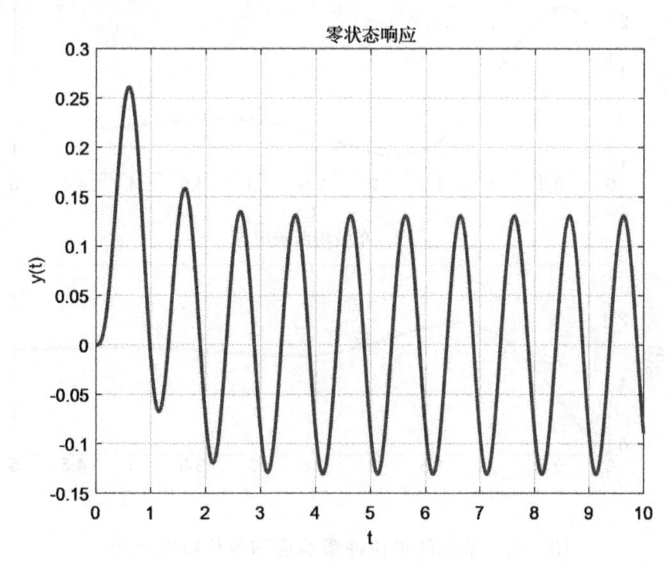

图 3-1 系统的零状态响应

2. 系统的单位冲激响应和单位阶跃响应

例 2 已知连续时间 LTI 系统的微分方程为

$$y''(t)+2y'(t)+6y(t)=x'(t)+10x(t)$$

用 MATLAB 绘制系统的单位冲激响应和单位阶跃响应的波形图。

MATLAB 程序如下：

```
t = 0:0.001:5;
sys = tf([1,10],[1,2,6]);
h = impulse(sys,t);
g = step(sys,t);
subplot(2,1,1);
plot(t,h,'linewidth',2);
grid on;
title('单位冲激响应');
xlabel('t');ylabel('h(t)');
subplot(2,1,2);
plot(t,g,'linewidth',2);
grid on;
title('单位阶跃响应');
xlabel('t');ylabel('g(t)');
```

系统的单位冲激响应和单位阶跃响应如图 3-2 所示。

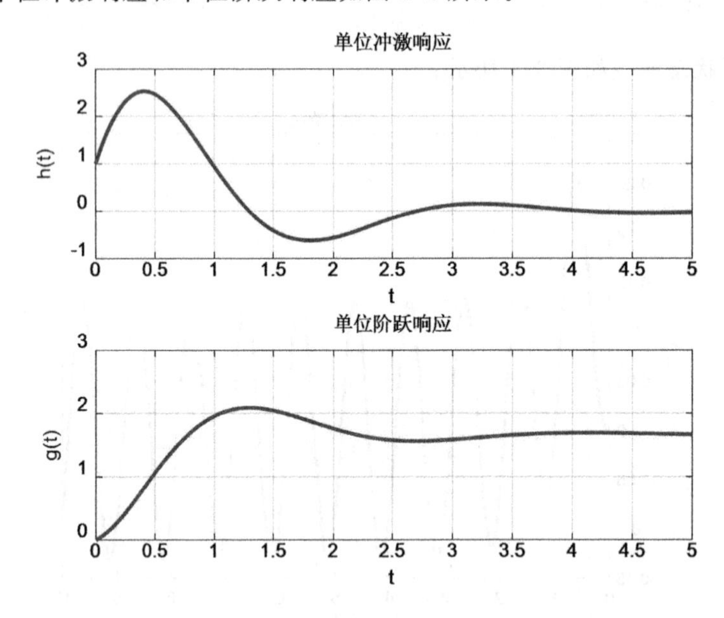

图 3-2　系统的单位冲激响应和单位阶跃响应

例 3　已知连续时间 LTI 系统的微分方程为

$$y''(t)+2y'(t)+50y(t)=5x(t)$$

其中，$x(t)=5\sin(2\pi t)$。用 MATLAB 绘制系统的零状态响应、单位冲激响应和单位阶跃响应的波形图。

MATLAB 程序如下：

```
t = 0:0.001:5;
sys = tf([5],[1,2,50]);
x = 5 * sin(2 * pi * t);
y = lsim(sys,x,t);
h = impulse(sys,t);
g = step(sys,t);
subplot(3,1,1);
plot(t,y,'linewidth',2);
grid on;
title('零状态响应');
xlabel('t');ylabel('y(t)');
subplot(3,1,2);
plot(t,h,'linewidth',2);
grid on;
title('单位冲激响应');
xlabel('t');ylabel('h(t)');
subplot(3,1,3);
plot(t,g,'linewidth',2);
grid on;
title('单位阶跃响应');
xlabel('t');ylabel('g(t)');
```

系统的零状态响应、单位冲激响应和单位阶跃响应如图 3-3 所示。

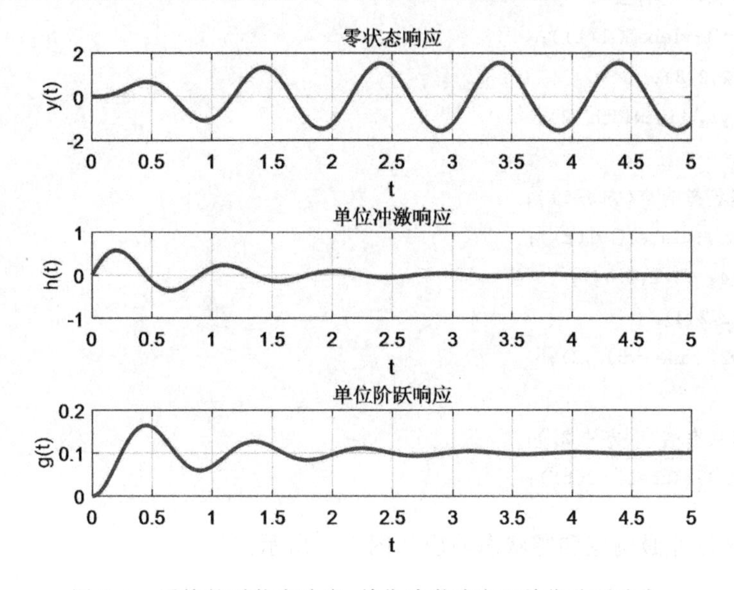

图 3-3 系统的零状态响应、单位冲激响应和单位阶跃响应

3. 利用卷积积分求解系统的零状态响应

例 4 已知连续时间 LTI 系统的微分方程为

$$y''(t)+2y'(t)+26y(t)=x'(t)+12x(t)$$

其中，$x(t)=e^{-3t}$。用 MATLAB 绘制系统的单位冲激响应和零状态响应的波形图。

MATLAB 程序如下：

```
dt = 0.001;
t = 0:dt:4;
x = exp( - 3 * t);
sys = tf([1,12],[1,2,26]);
h = impulse(sys,t);
ty = 0:dt:8;
y1 = dt * conv(x,h);
y2 = lsim(sys,x,t);
subplot(2,2,1);
plot(t,x,'linewidth',2);
grid on;
title('输入信号');
xlabel('t');ylabel('x(t)');
subplot(2,2,2);
plot(t,h,'linewidth',2);
grid on;
title('单位冲激响应');
xlabel('t');ylabel('h(t)');
subplot(2,2,3);
plot(ty,y1,'linewidth',2);
grid on;
title('零状态响应(方法 1)');
xlabel('t');ylabel('y1(t)');
axis([0,4,- 0.2,0.4]);
subplot(2,2,4);
plot(t,y2,'linewidth',2);
grid on;
title('零状态响应(方法 2)');
xlabel('t');ylabel('y2(t)');
```

系统的单位冲激响应和零状态响应如图 3-4 所示。

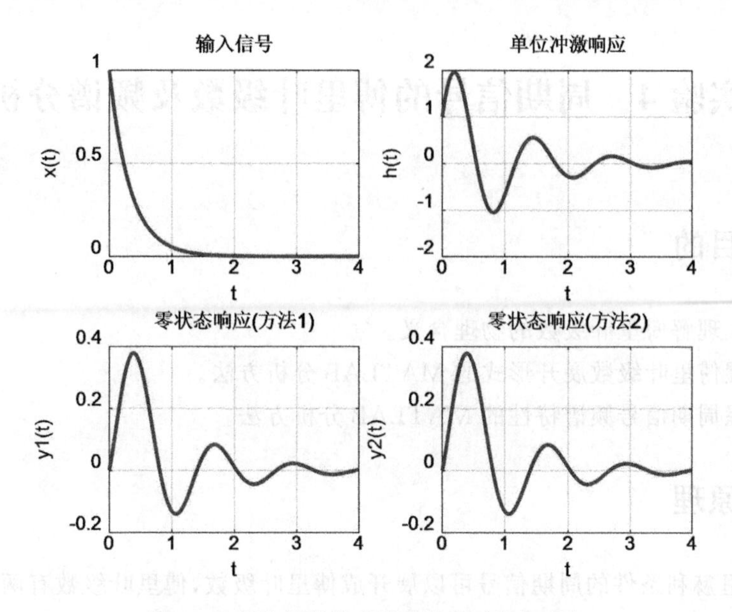

图 3-4 系统的单位冲激响应和零状态响应

四、实验习题

(1) 已知连续时间 LTI 系统的微分方程为

$$y''(t)+3y'(t)+2y(t)=x'(t)+3x(t)$$

其中，$x(t)=\mathrm{e}^{-3t}u(t)$。用 MATLAB 绘制系统的零状态响应的波形图。

(2) 已知连续时间 LTI 系统的微分方程为

$$y''(t)+5y'(t)+6y(t)=3x(t)$$

用 MATLAB 绘制系统的单位冲激响应和单位阶跃响应的波形图。

(3) 已知连续时间 LTI 系统的微分方程为

$$y''(t)+4y'(t)+3y(t)=2x'(t)+x(t)$$

其中，$x(t)=\mathrm{e}^{-t}u(t)$。用 MATLAB 绘制系统的零状态响应、单位冲激响应和单位阶跃响应的波形图。

实验4　周期信号的傅里叶级数及频谱分析

一、实验目的

(1) 深入理解傅里叶级数的物理含义。

(2) 掌握傅里叶级数展开形式的MATLAB分析方法。

(3) 掌握周期信号频谱特性的MATLAB分析方法。

二、实验原理

满足狄里赫利条件的周期信号可以展开成傅里叶级数,傅里叶级数有两种形式:三角形式和指数形式。设有周期信号$x(t)$,周期为T,基波角频率为$\omega_0=2\pi/T$,在满足狄里赫利条件时可以展开成傅里叶级数,表现形式如下。

1. 傅里叶级数的三角形式

$$x(t)=a_0+\sum_{n=1}^{\infty}(a_n\cos n\omega_0 t+b_n\sin n\omega_0 t)$$

根据函数的正交性,可得傅里叶级数的系数:

直流分量:

$$a_0=\frac{1}{T}\int_{-T/2}^{T/2}x(t)\mathrm{d}t$$

余弦分量的幅度:

$$a_n=\frac{2}{T}\int_{-T/2}^{T/2}x(t)\cos n\omega_0 t\mathrm{d}t$$

正弦分量的幅度:

$$b_n=\frac{2}{T}\int_{-T/2}^{T/2}x(t)\sin n\omega_0 t\mathrm{d}t$$

其中,$n=1,2,\cdots$。将同频率项进行合并,还可以写成另外一种形式:

$$x(t)=A_0+\sum_{n=1}^{\infty}A_n\cos(n\omega_0 t+\varphi_n)$$

其中,$A_0=a_0$,$A_n=\sqrt{a_n^2+b_n^2}$,$\varphi_n=-\arctan\dfrac{b_n}{a_n}$,$n=1,2,\cdots$。

由此表明,任意周期信号可以分解为直流和各次谐波分量之和。其中,A_0是周期信号的平均值,即周期信号所包含的直流分量。$A_1\cos(\omega_0 t+\varphi_1)$为周期信号的基波,$A_2\cos(2\omega_0 t+\varphi_2)$为周期信号的二次谐波,依次类推。各次谐波的频率为基波的整数倍。

2. 傅里叶级数的指数形式

$$x(t)=\sum_{n=-\infty}^{\infty}X(n\omega_0)\mathrm{e}^{\mathrm{j}n\omega_0 t}$$

其中，$X(n\omega_0)$为傅里叶级数的系数，也可写为X_n，如下：

$$X_n=\frac{1}{T}\int_{-T/2}^{T/2}x(t)\mathrm{e}^{-\mathrm{j}n\omega_0 t}\mathrm{d}t=|X_n|\mathrm{e}^{\mathrm{j}\varphi_n}$$

为了直观地反映周期信号的各个频率分量的分布情况，可以将各个频率分量的幅度和相位随着频率的变化关系用图形进行表示，这就是信号频谱图。频谱图包括幅度谱和相位谱，幅度谱表示的是各谐波分量的幅度随频率变化的关系，相位谱表示的是各谐波分量的相位随频率变化的关系。

三、实验内容

1. 周期信号的傅里叶级数展开

例 1 已知周期方波信号如图 4-1 所示，其中 $T=1$，求其傅里叶级数展开式，并验证其离散性、谐波性、收敛性。

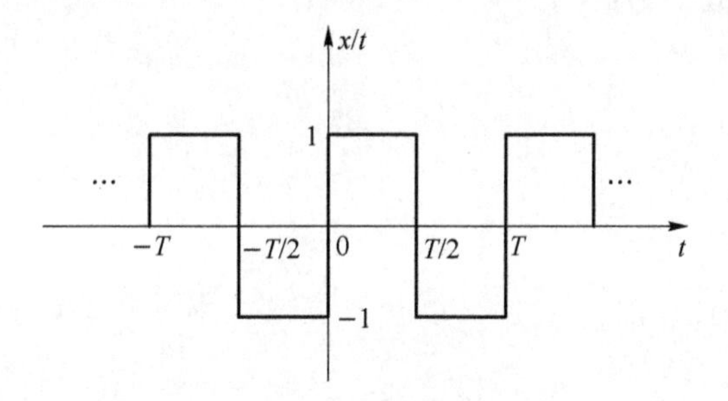

图 4-1 周期方波信号

解 $\omega_0=2\pi/T$，按照公式分别计算傅里叶级数的系数：

$$a_0=\frac{1}{T}\int_{-T/2}^{T/2}x(t)\mathrm{d}t=0$$

$$a_n=\frac{2}{T}\int_{-T/2}^{T/2}x(t)\cos n\omega_0 t\mathrm{d}t=0$$

$$\begin{aligned}b_n&=\frac{2}{T}\int_{-T/2}^{T/2}x(t)\sin n\omega_0 t\mathrm{d}t\\&=\frac{4}{T}\int_{0}^{T/2}x(t)\sin n\omega_0 t\mathrm{d}t\\&=\frac{4}{T}\int_{0}^{T/2}\sin n\omega_0 t\mathrm{d}t\\&=\frac{4}{Tn\omega_0}\left(-\cos n\omega_0 t\,\Big|_0^{T/2}\right)\end{aligned}$$

$$=\begin{cases}0 & (n=2,4,6,\cdots)\\ \dfrac{4}{n\pi} & (n=1,3,5,\cdots)\end{cases}$$

因此，$x(t)$的傅里叶级数可表示为

$$x(t)=\frac{4}{\pi}(\sin\omega_0 t+\frac{1}{3}\sin 3\omega_0 t+\frac{1}{5}\sin 5\omega_0 t+\cdots)$$

MATLAB 程序如下：

```
t=-1:0.01:1;
x=square(2*pi*t,50);
omega=2*pi;
figure(1);
plot(t,x,'linewidth',2);
grid on;
title('周期方波信号');
xlabel('t');ylabel('x(t)');
axis([-1,1,-1.5,1.5]);
figure(2);
n_max=[1,3,11,43];
N=length(n_max);
for k=1:N
   n=1:2:n_max(k);
   b=4./(pi*n);
   y=b*sin(omega*n'*t);
   subplot(N,1,k);
   plot(t,x,'linewidth',1);
   hold on;
   plot(t,y,'linewidth',1);
   hold off;
   grid on;
   title(['最大谐波数=',num2str(n_max(k))]);
   xlabel('t');ylabel('谐波叠加');
   axis([-1,1,-1.5,1.5]);
end
```

程序运行结果如图 4-2 所示。

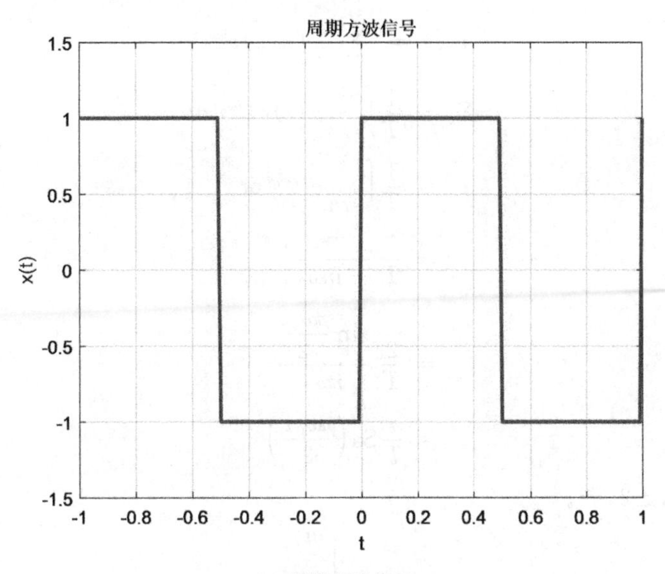

(a) 周期方波信号

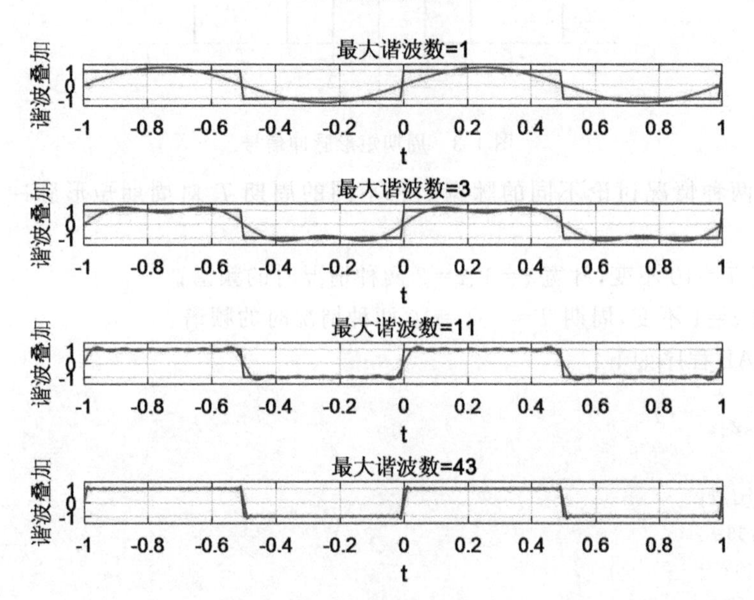

(b) 各次谐波叠加信号

图 4-2 周期方波信号及其各次谐波叠加信号

可以看出,随着傅里叶级数所取的项数越多,各次谐波叠加后的信号与周期方波信号的误差就越小,该级数就越逼近周期方波信号。

2. 周期信号的频谱分析

例 2 已知周期矩形脉冲信号如图 4-3 所示,其周期为 T,脉冲幅值为 1,脉冲宽度为 τ,用傅里叶级数进行频谱分析。

解 $\omega_0=2\pi/T$,将 $x(t)$展开成傅里叶级数的指数形式,傅里叶级数的系数可表示为

$$x(t) = \sum_{n=-\infty}^{\infty} X(n\omega_0) e^{jn\omega_0 t}$$

$$\begin{aligned} X_n &= \frac{1}{T}\int_{-T/2}^{T/2} x(t) e^{-jn\omega_0 t} dt \\ &= \frac{1}{T}\int_{-T/2}^{T/2} e^{-jn\omega_0 t} dt \\ &= \frac{1}{T} \left. \frac{e^{-jn\omega_0 t}}{-jn\omega_0} \right|_{-\tau/2}^{\tau/2} \\ &= \frac{2}{T} \frac{\sin \dfrac{n\omega_0 \tau}{2}}{n\omega_0} \\ &= \frac{\tau}{T} \mathrm{Sa}\left(\frac{n\omega_0 \tau}{2}\right) \end{aligned}$$

其中，$n=0,\pm1,\pm2,\cdots$。

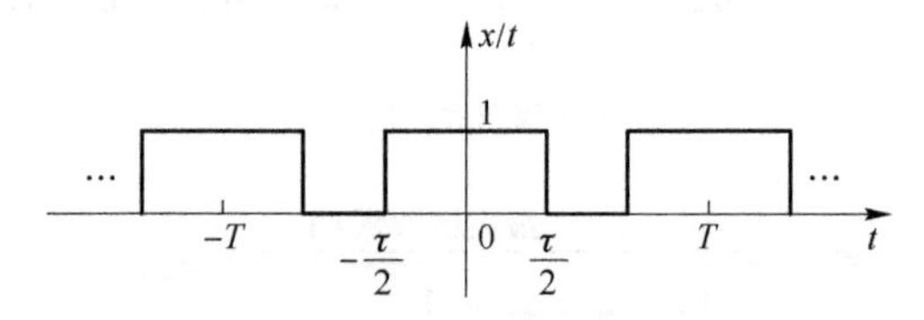

图 4-3　周期矩形脉冲信号

下面分两种情况讨论不同的脉宽 τ 和不同的周期 T 对周期矩形脉冲信号频谱的影响：

① 周期 $T=10$ 不变，脉宽 $\tau=1$、$\tau=2$ 两种情况时的频谱；

② 脉宽 $\tau=1$ 不变，周期 $T=5$、$T=10$ 两种情况时的频谱。

MATLAB 程序如下：

```
tao = [1,2];
T = 10;
w1 = 2 * pi/T;
n =- 30:30;
figure(1);
for k = 1:2
    x = n * tao(k)/T;
    Xn = tao(k)/T * sinc(x);
    subplot(2,1,k);
    stem(n * w1,Xn,'linewidth',1,'markersize',3);
    grid on;
    title(['T = 10,tao =',num2str(tao(k))]);
    xlabel('\omega');ylabel('Xn');
    axis([ - 30 * w1,30 * w1, - 0.1,0.2]);
end
tao = 1;
```

```
T=[5,10];
n=-30:30;
figure(2);
for k=1:2
    w2=2*pi/T(k);
    n=-10*pi:w2:10*pi;
    x=n*tao/T(k);
    Xn=tao/T(k)*sinc(x);
    subplot(2,1,k);
    stem(n*w2,Xn,'linewidth',1,'markersize',3);
    grid on;
    title(['tao=1,T=',num2str(T(k))]);
    xlabel('\omega');ylabel('Xn');
    axis([-5*pi,5*pi,-0.1,0.2]);
end
```

程序运行结果如图 4-4 所示。

从图 4-4 中可以看出以下两点。

① 当周期保持不变时，谱线间隔不变，而频带宽度和脉冲宽度 τ 成反比关系，信号的脉宽越大，其频谱带宽就越小，即频谱的第一个零值点越小。反之，信号的脉宽越小，其频谱带宽就越大。这种信号带宽和脉宽成反比的性质是信号分析中基本的特性，它将贯穿于信号与系统分析的全过程。

② 当脉冲宽度保持不变时，频带宽度不变，谱线间隔和信号周期 T 成反比关系。信号周期越小，谱线间隔越大。反之，信号周期越大，谱线间隔越小，即谱线越密。

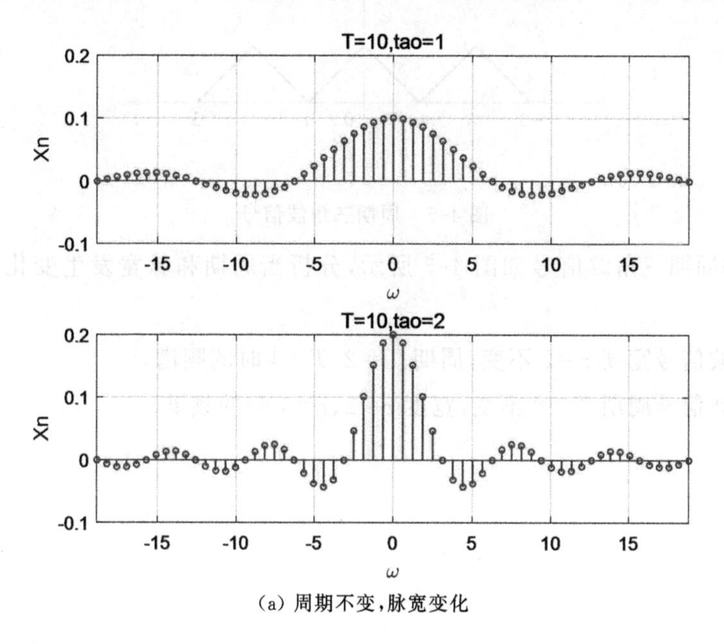

(a) 周期不变，脉宽变化

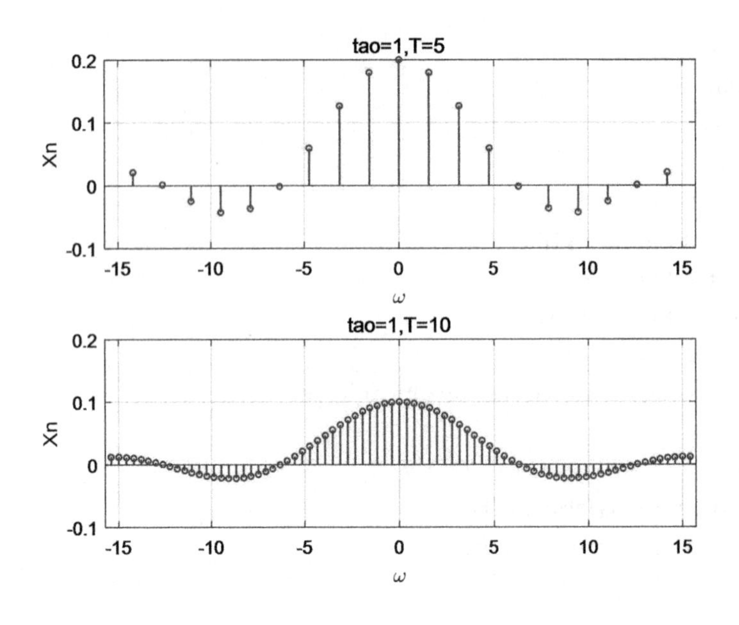

(b) 脉宽不变,周期变化

图 4-4　周期矩形脉冲信号的频谱

四、实验习题

(1) 已知周期三角波信号如图 4-5 所示,求其傅里叶级数展开式,用 MATLAB 仿真最高谐波次数为 23 的叠加信号波形图。

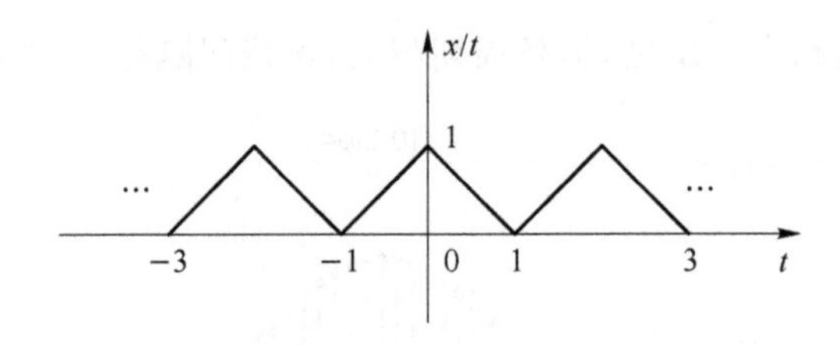

图 4-5　周期三角波信号

(2) 已知周期三角波信号如图 4-5 所示,分析当周期和脉宽发生变化时,其频谱的变化。

① 三角波信号宽度 $\tau=2$ 不变,周期 $T=2$、$T=4$ 时的频谱。

② 三角波信号周期 $T=8$ 不变,宽度 $\tau=2$、$\tau=4$ 时的频谱。

实验5 傅里叶变换及其性质

一、实验目的

(1) 掌握傅里叶变换的基本原理。

(2) 掌握傅里叶变换和逆变换的 MATLAB 求解方法。

(3) 掌握非周期连续时间信号频谱图的 MATLAB 绘制方法。

(4) 掌握傅里叶变换时移、频移、尺度变换性质的 MATLAB 分析方法。

二、实验原理

1. 傅里叶变换的定义

当周期 T 趋近于无穷大时,周期信号就可以转化为非周期信号,即可以把非周期信号看成周期 T 趋近于无穷大的周期信号。如果周期信号的周期 T 变大,谱线间隔就会变小。当周期 T 趋近于无穷大时,谱线间隔和各次谐波的谱线长度都趋近于无穷小,但无穷小的振幅之间仍保持一定的比例关系,这样周期信号的离散频谱就变成非周期信号的连续频谱了。为了描述非周期信号的频谱特性,可借助傅里叶分析方法导出非周期信号的傅里叶变换。

一个非周期连续时间信号,其频谱函数可由傅里叶变换得到:

$$X(\mathrm{j}\omega)=\int_{-\infty}^{\infty}x(t)\mathrm{e}^{-\mathrm{j}\omega t}\,\mathrm{d}t$$

傅里叶逆变换可表示为

$$x(t)=\frac{1}{2\pi}\int_{-\infty}^{\infty}X(\mathrm{j}\omega)\mathrm{e}^{\mathrm{j}\omega t}\,\mathrm{d}\omega$$

其中,$X(\mathrm{j}\omega)$是 $x(t)$的频谱函数,$x(t)$是 $X(\mathrm{j}\omega)$的原函数。

一般情况下,频谱函数是一个复函数,可表示为

$$X(\mathrm{j}\omega)=|X(\mathrm{j}\omega)|\mathrm{e}^{\varphi(\omega)}$$

其中,$|X(\mathrm{j}\omega)|$称为幅度频谱,是 ω 的偶函数,它表示信号中各个频率分量的相对大小;$\varphi(\omega)$称为相位频谱,是 ω 的奇函数,它表示信号中各个频率分量的相位。

2. 傅里叶变换的符号计算法

MATLAB 符号工具箱中提供了计算傅里叶正变换和逆变换的函数。

① fourier 函数:求信号的傅里叶变换。其调用格式为:X=fourier(x),其中,x 为时域信号的符号表达式;返回的 X 为频域傅里叶变换的表达式,是关于 ω 的函数。

② ifourier 函数:求信号的傅里叶逆变换。其调用格式为:x=ifourier(X),其中,X 为频域傅里叶变换的表达式;返回的 x 为时域信号的符号表达式,是关于 x 的函数。

3. 傅里叶变换的数值计算法

傅里叶变换数值计算方法的基本思想是将连续变量离散化计算，由傅里叶变换的公式可得：

$$X(\mathrm{j}\omega)=\int_{-\infty}^{\infty}x(t)\mathrm{e}^{-\mathrm{j}\omega t}\mathrm{d}t=\lim_{\Delta\to 0}\sum_{n=-\infty}^{\infty}x(n\Delta)\mathrm{e}^{-\mathrm{j}\omega n\Delta}\Delta$$

其中，Δ 是时域抽样间隔，当 Δ 足够小时，上式的近似情况可以满足实际需求，并且 Δ 的取值要满足时域抽样定理。当 $x(t)$ 为时限信号时，n 取值可以认为是有限项 M，则有：

$$X(\mathrm{j}\omega)=\Delta\sum_{n=0}^{M-1}x(n\Delta)\mathrm{e}^{-\mathrm{j}\omega n\Delta}$$

对角频率 ω 进行离散化，假设离散化后得到 M 个样值，则：

$$X(k)=\Delta\sum_{n=0}^{M-1}x(n\Delta)\mathrm{e}^{-\mathrm{j}\omega_k n\Delta}\quad(0\leqslant k\leqslant M-1)$$

其中，$\omega_k=\frac{2\pi}{N\Delta}k$。当 Δ 足够小时，其结果即为所求的连续非周期信号的傅里叶变换的数值解。

4. 傅里叶变换的性质

傅里叶变换揭示了信号的时域特性和频域特性之间的关系，研究其性质可进一步了解时域和频域之间的关系，并简化傅里叶变换的运算。下面就 3 个较为常用的性质进行研究。

(1) 时移性质

若 $x(t)\leftrightarrow X(\mathrm{j}\omega)$，则 $x(t\pm t_0)\leftrightarrow X(\mathrm{j}\omega)\cdot\mathrm{e}^{\pm\mathrm{j}\omega t_0}$。

(2) 频移性质

若 $x(t)\leftrightarrow X(\mathrm{j}\omega)$，则 $x(t)\mathrm{e}^{\pm\mathrm{j}\omega_0 t}\leftrightarrow X(\mathrm{j}(\omega\mp\omega_0))$。

(3) 尺度变换性质

若 $x(t)\leftrightarrow X(\mathrm{j}\omega)$，则 $x(at)\leftrightarrow\frac{1}{|a|}X\left(\mathrm{j}\,\frac{\omega}{a}\right)$，其中，$a$ 为非零常数。

5. 频移性质的应用——调制

通信系统中发送端的原始电信号通常具有频率很低的频谱分量，一般不适宜直接在信道中进行传输。因此，通常需要将原始信号变换成频带适合信道传输的高频信号，这一过程被称为调制。信号调制是使一种波形的某些特性按另一种波形或信号而变化的过程或处理方法。经过调制，可以对原始信号进行频谱搬移，调制后的信号称为已调信号，已调信号携带的信息适合在信道中进行传输。

将连续时间信号 $x(t)$ 与载波信号 $\cos(\omega_c t)$ 相乘，得到信号 $y(t)$，即：$y(t)=x(t)\cdot\cos(\omega_c t)$。其中，$x(t)$ 为调制信号，ω_c 为载波频率，$y(t)$ 为已调信号。假设 $x(t)$ 的频谱为 $X(\mathrm{j}\omega)$，则 $y(t)$ 对应的频谱 $Y(\mathrm{j}\omega)$ 为 $X(\mathrm{j}\omega)$ 搬移到 $\pm\omega_c$ 处，幅值变为原来的 1/2，即：

$$y(t)=x(t)\cdot\cos(\omega_c t)\leftrightarrow Y(\mathrm{j}\omega)=\frac{1}{2}X[\mathrm{j}(\omega+\omega_c)]+\frac{1}{2}X[\mathrm{j}(\omega-\omega_c)]$$

在解调过程中，将已调信号 $y(t)$ 乘以载波信号 $\cos(\omega_c t)$ 得到 $\hat{x}(t)$，即：

$$\hat{x}(t)=y(t)\cdot\cos(\omega_c t)=x(t)\cdot\cos^2(\omega_c t)=\frac{1}{2}x(t)\cdot(1+\cos 2\omega_c t)$$

$$=\frac{1}{2}x(t)+\frac{1}{2}x(t)\cdot\cos 2\omega_c t$$

解调信号 $\hat{x}(t)$包含原始信号 $x(t)$和一个 $2\omega_c$ 的频率分量，可通过低通滤波器将以 $2\omega_c$ 为中心的频率分量滤除，从而恢复原始信号。

三、实验内容

1. 傅里叶变换的符号计算法

例 1 用符号计算法求解连续时间指数信号 $x(t)=e^{-3t}u(t)$的傅里叶变换。

MATLAB 程序如下：

```
x = sym('exp( - 3 * t) * heaviside(t)');
X = fourier(x)
```

程序运行结果为

```
X =
      1/(3 + w * i)
```

例 2 用符号计算法求解脉高 $E=1$、脉宽 $\tau=2$ 的门信号的傅里叶变换，并画出其幅度谱。

MATLAB 程序如下：

```
syms t w;
x = sym('heaviside(t + 1) - heaviside(t - 1)');
X = simplify(fourier(x))
X = ezplot(abs(X),[ - 4 * pi,4 * pi]);
set(X,'linewidth',2);
grid on;
title('幅度谱');
xlabel('\omega');
ylabel('|X(j\omega)|');
```

程序运行结果为

```
X =
      (2 * sin(w))/w
```

门信号的幅度谱如图 5-1 所示。

例 3 用符号计算法求解 $X(j\omega)=\frac{2}{1+\omega^2}$的傅里叶逆变换。

MATLAB 程序如下：

```
syms t w;
X = sym('2/(1 + w^2)');
x = ifourier(X,t)
```

程序运行结果为

```
x =
      exp( - abs(t))
```

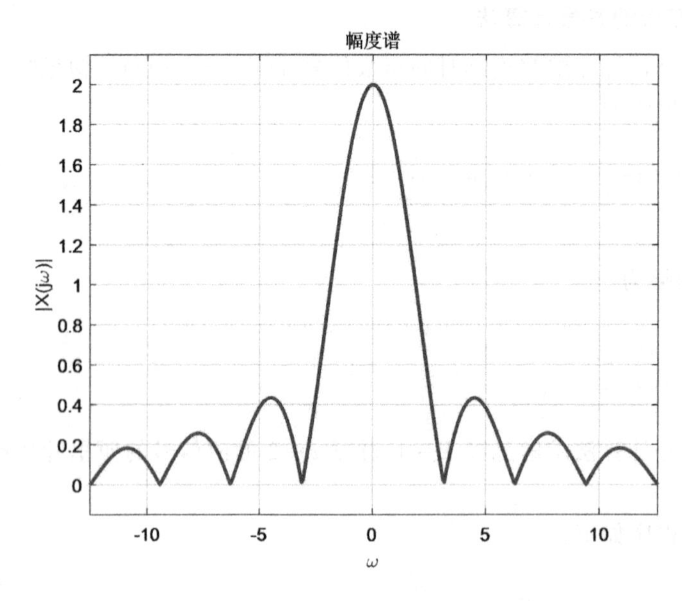

图 5-1　门信号的幅度谱

2. 傅里叶变换的数值计算法

例 4　用数值计算法绘制脉高 $E=1$、脉宽 $\tau=2$ 的门信号的幅度谱。

MATLAB 程序如下：

```
dt = 0.02;
t =- 2:dt:2;
x = heaviside(t + 1) - heaviside(t - 1);
N = 1000;
k =- N:N;
w = pi * k/(N * dt);
X = x * exp( - j * t' * w) * dt;
plot(w,abs(X),'linewidth',2);
grid on;
title('幅度谱');
```

```
xlabel('\omega');
ylabel('|X(j\omega)|');
axis([-4*pi,4*pi,-0.2,2.2]);
```

门信号的频谱图如图 5-2 所示。

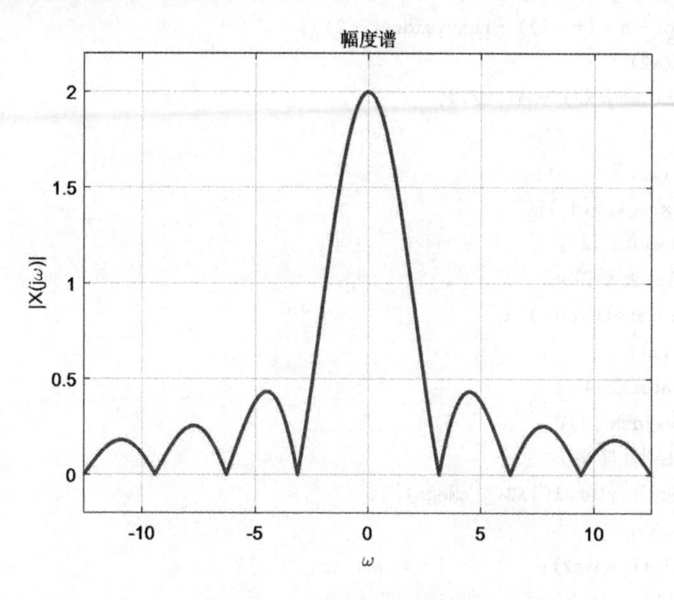

图 5-2 门信号的幅度谱

观察图 5-1 和图 5-2 可以发现，幅度谱基本是一样的。

3. 傅里叶变换的性质

例 5 绘制连续时间指数信号 $x(t)=e^{-3t}u(t)$ 和 $x(t-2)$ 的频谱图，并进行比较，验证时移性质。

MATLAB 程序如下：

```
x1 = sym('exp(-3*t)*heaviside(t)');
X1 = fourier(x1);
phase1 = atan(imag(X1)/real(X1));
figure(1);
subplot(3,1,1);
x1 = ezplot(x1,[-0.2,1]);
set(x1,'linewidth',2);
grid on;title('波形图');
xlabel('t');ylabel('x1(t)');
subplot(3,1,2);
A1 = ezplot(abs(X1));
set(A1,'linewidth',2);
grid on;title('幅度谱');
xlabel('\omega');ylabel('|X1(j\omega)|');
```

```
subplot(3,1,3);
phase1 = ezplot(phase1);
set(phase1,'linewidth',2);
grid on;title('相位谱');
xlabel('\omega');ylabel('\phi1(\omega)');
x2 = sym('exp( - 3 * (t - 2)) * heaviside(t - 2)');
X2 = fourier(x2);
phase2 = atan(imag(X2)/real(X2));
figure(2);
subplot(3,1,1);
x2 = ezplot(x2,[1.8,3]);
set(x2,'linewidth',2);
grid on;title('波形图');
xlabel('t');ylabel('x2(t)');
subplot(3,1,2);
A2 = ezplot(abs(X2));
set(A2,'linewidth',2);
grid on;title('幅度谱');
xlabel('\omega');ylabel('|X2(j\omega)|');
subplot(3,1,3);
phase2 = ezplot(phase2);
set(phase2,'linewidth',2);
grid on;title('相位谱');
xlabel('\omega');ylabel('\phi2(\omega)');
```

$x(t)$的波形图和频谱图如图 5-3 所示。

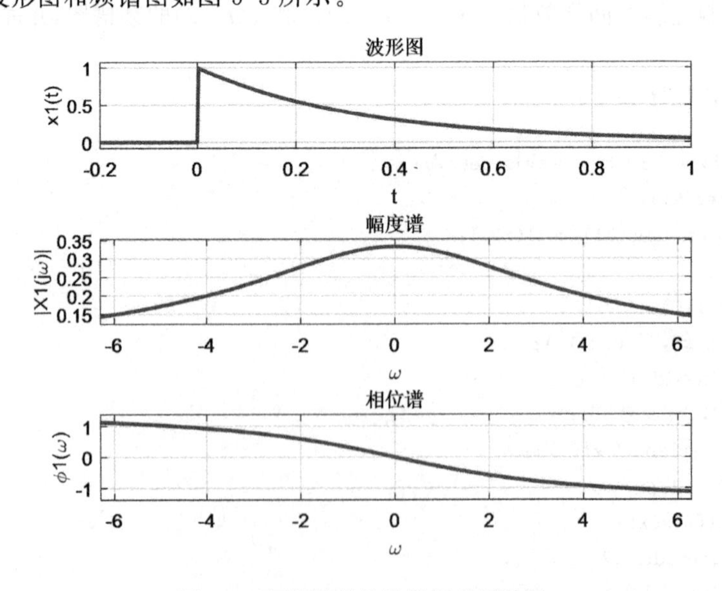

图 5-3 原始信号的波形图和频谱图

$x(t-2)$的波形图和频谱图如图 5-4 所示。

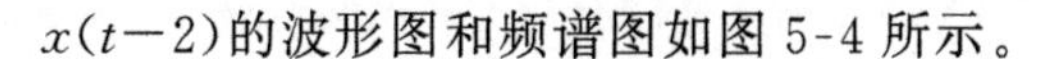

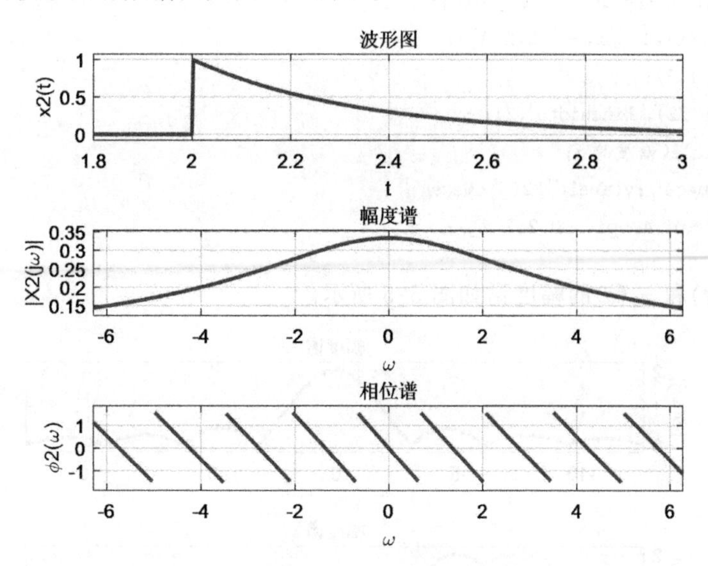

图 5-4 时移后信号的波形图和频谱图

观察图 5-3 和图 5-4 可以发现,信号时移后幅度谱不变,但相位谱会产生相移。

例 6 已知脉高 $E=1$、脉宽 $\tau=2$ 的门信号 $g(t)$,绘制 $x_1(t)=g(t)\cdot e^{-j5t}$和 $x_2(t)=g(t)\cdot e^{j5t}$的幅度谱,并与 $g(t)$的幅度谱进行比较,验证频移性质。

MATLAB 程序如下:

```
dt = 0.02;
t =- 2:dt:2;
g = heaviside(t + 1) - heaviside(t - 1);
x1 = g. * exp( - j * t * 5);
x2 = g. * exp(j * t * 5);
N = 1000;
k =- N:N;
w = pi * k/(N * dt);
G1 = g * exp( - j * t' * w) * dt;
X1 = x1 * exp( - j * t' * w) * dt;
X2 = x2 * exp( - j * t' * w) * dt;
subplot(3,1,1);
plot(w,abs(G1),'linewidth',2);
grid on;title('幅度谱');
xlabel('\omega');ylabel('|G(j\omega)|');
axis([ - 4 * pi,4 * pi, - 0.2,2.2]);
subplot(3,1,2);
plot(w,abs(X1),'linewidth',2);
grid on;title('幅度谱');
```

```
xlabel('\omega');ylabel('|X1(j\omega)|');
axis([-4*pi,4*pi,-0.2,2.2]);
subplot(3,1,3);
plot(w,abs(X2),'linewidth',2);
grid on;title('幅度谱');
xlabel('\omega');ylabel('|X2(j\omega)|');
axis([-4*pi,4*pi,-0.2,2.2]);
```

$g(t)$、$x_1(t)$和$x_2(t)$的幅度谱如图 5-5 所示。

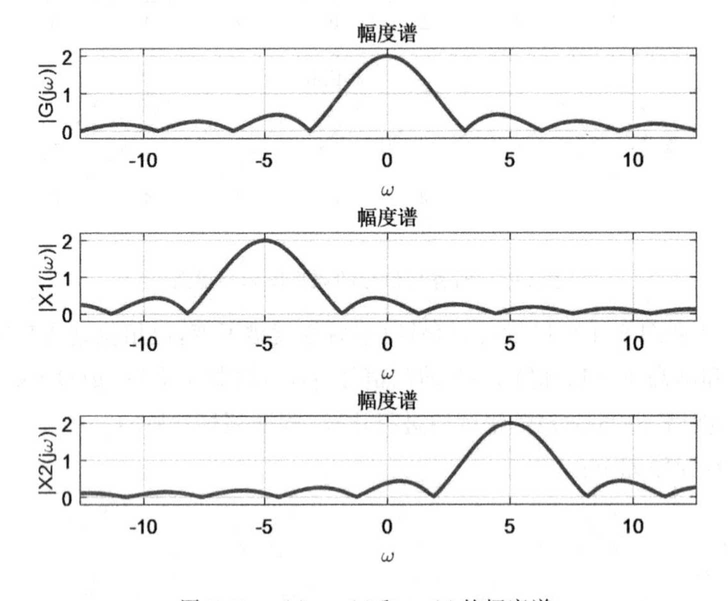

图 5-5　$g(t)$、$x_1(t)$和$x_2(t)$的幅度谱

通过和原始信号的幅度谱进行比较可知，当时域信号乘以虚指数因子，其幅度谱的规律不变，但会沿频率轴进行平移，即实现了频谱的搬移。

例 7　已知$x(t)=u(t+1)-u(t-1)$，绘制$x(t)$、$x(2t)$和$x\left(\frac{t}{2}\right)$的幅度谱，并进行比较，验证尺度变换性质。

MATLAB 程序如下：

```
x1 = sym('heaviside(t+1) - heaviside(t-1)');
X1 = simplify(fourier(x1));
x2 = sym('heaviside(2*t+1) - heaviside(2*t-1)');
X2 = simplify(fourier(x2));
x3 = sym('heaviside(t/2+1) - heaviside(t/2-1)');
X3 = simplify(fourier(x3));
subplot(3,2,1);
x11 = ezplot(x1,[-2.5,2.5]);
set(x11,'linewidth',2);
```

```
grid on;title('x(t)的波形图');
xlabel('t');ylabel('x1(t)');
subplot(3,2,2);
X11 = ezplot(abs(X1),[-10 * pi,10 * pi]);
set(X11,'linewidth',2);
grid on;title('x(t)的幅度谱');
xlabel('\omega');ylabel('|X1(j\omega)|');
axis([-10 * pi,10 * pi,-0.2,4.1]);
subplot(3,2,3);
x22 = ezplot(x2,[-2.5,2.5]);
set(x22,'linewidth',2);
grid on;title('x(2t)的波形图');
xlabel('t');ylabel('x2(t)');
subplot(3,2,4);
X22 = ezplot(abs(X2),[-10 * pi,10 * pi]);
set(X22,'linewidth',2);
grid on;title('x(2t)的幅度谱');
xlabel('\omega');ylabel('|X2(j\omega)|');
axis([-10 * pi,10 * pi,-0.2,4.1]);
subplot(3,2,5);
x33 = ezplot(x3,[-2.5,2.5]);
set(x33,'linewidth',2);
grid on;title('x(t/2)的波形图');
xlabel('t');ylabel('x3(t)');
subplot(3,2,6);
X33 = ezplot(abs(X3),[-10 * pi,10 * pi]);
set(X33,'linewidth',2);
grid on;title('x(t/2)的幅度谱');
xlabel('\omega');ylabel('|X3(j\omega)|');
axis([-10 * pi,10 * pi,-0.2,4.1]);
```

程序运行的结果如图 5-6 所示。

图 5-6 直观地反映了傅里叶变换的尺度变换性质，论证了信号脉宽和频宽成反比的关系。若信号持续时间增大，则频带宽度压缩；若信号持续时间缩短，则频带宽度扩展。

4. 频移性质的应用——调制

例 8 已知连续时间信号 $x(t)$ 为矩形脉冲信号，载波信号为 $\cos(\omega_c t)$，其中，$\omega_c = 10\pi$。用 MATLAB 绘制调制信号、载波信号和已调信号的波形。

MATLAB 程序如下：

```
t=-3:0.001:3;
x1=rectpuls(t,4);
wc=10*pi;
x2=cos(wc*t);
y=x1.*x2;
subplot(3,1,1);
plot(t,x1,'linewidth',2);
axis([-3,3,-0.5,1.5]);
grid on;
title('调制信号');
xlabel('t');ylabel('x1(t)');
subplot(3,1,2);
plot(t,x2,'linewidth',2);
axis([-3,3,-1,1]);
grid on;
title('载波信号');
xlabel('t');ylabel('x2(t)');
subplot(3,1,3);
plot(t,y,'linewidth',2);
axis([-3,3,-1,1]);
grid on;
title('已调信号');
xlabel('t');ylabel('y(t)');
```

生成的调制信号、载波信号和已调信号的波形如图 5-7 所示。

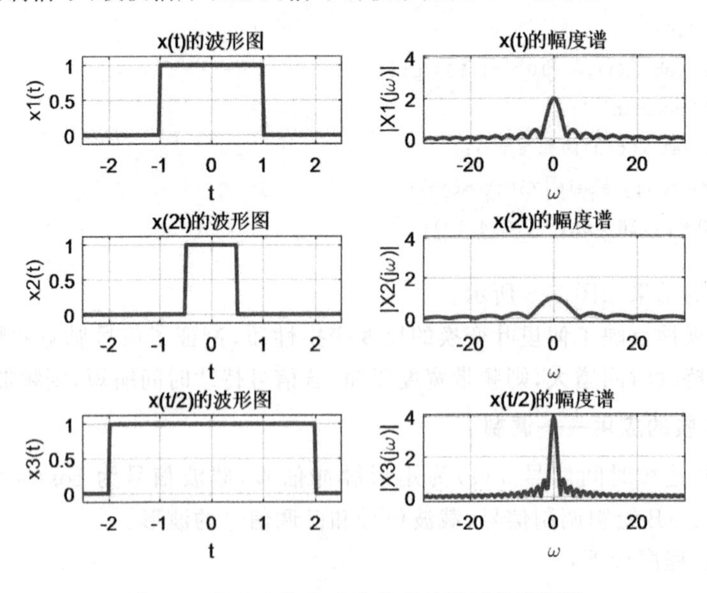

图 5-6　尺度变换前后信号的波形图和幅度谱

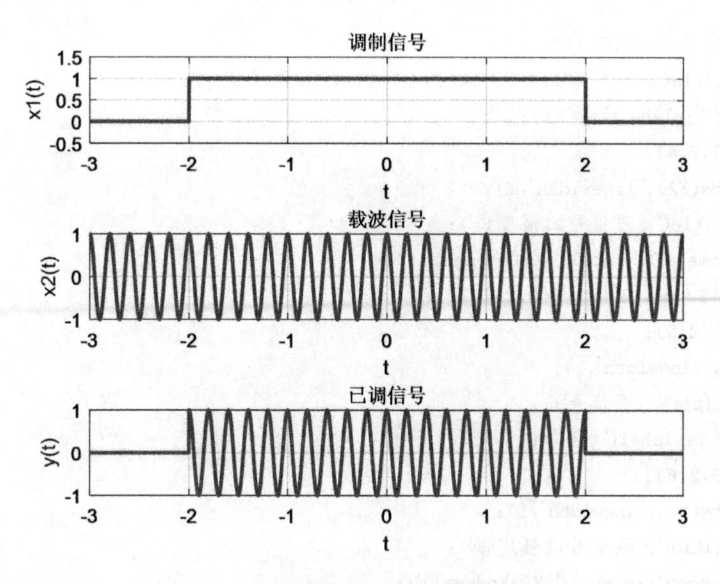

图 5-7 调制信号、载波信号和已调信号

例 9 已知连续时间信号 $x(t)$为频率是 $\omega=2\pi$ 的正弦信号，载波信号为 $\omega_c=10\pi$ 的余弦信号。用 MATLAB 绘制调制信号、载波信号和已调信号的时域波形和幅度谱。

MATLAB 程序如下：

```
dt = 0.02;
t = 0:dt:3;
x1 = sin(2 * pi * t);
N = 1000;
k = - N:N;
w = pi * k/(N * dt);
X1 = x1 * exp( - j * t' * w) * dt;
wc = 10 * pi;
x2 = cos(wc * t);
X2 = x2 * exp( - j * t' * w) * dt;
y = x1. * x2;
Y = y * exp( - j * t' * w) * dt;
subplot(3,2,1);
plot(t,x1,'linewidth',1);
grid on;title('调制信号');
xlabel('t');ylabel('x1(t)');
subplot(3,2,2);
plot(w,abs(X1),'linewidth',1);
grid on;title('调制信号的幅度谱');
xlabel('\omega');ylabel('|X1(j\omega)|');
axis([ - 13 * pi,13 * pi, - 0.2,2.2]);
subplot(3,2,3);
```

```
plot(t,x2,'linewidth',1);
grid on;title('载波信号');
xlabel('t');ylabel('x2(t)');
subplot(3,2,4);
plot(w,abs(X2),'linewidth',1);
grid on;title('载波信号的幅度谱');
xlabel('\omega');ylabel('|X2(j\omega)|');
axis([-13*pi,13*pi,-0.2,2.2]);
subplot(3,2,5);
plot(t,y,'linewidth',1);
grid on;title('已调信号');
xlabel('t');ylabel('y(t)');
subplot(3,2,6);
plot(w,abs(Y),'linewidth',1);
grid on;title('已调信号的幅度谱');
xlabel('\omega');ylabel('|Y(j\omega)|');
axis([-13*pi,13*pi,-0.2,2.2]);
```

生成的调制信号、载波信号和已调信号的时域波形和幅度谱如图 5-8 所示。

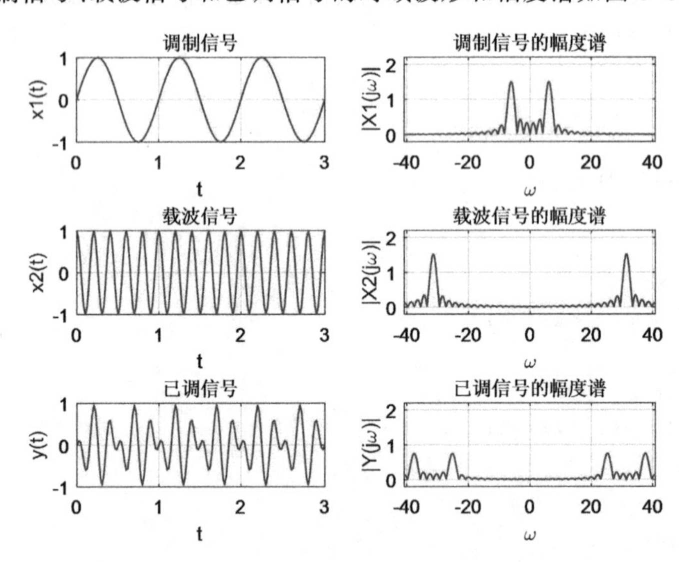

图 5-8　调制信号、载波信号和已调信号的时域波形和幅度谱

通过比较可知，已调信号的幅度谱和调制信号的幅度谱形状一样，幅值是调制信号幅值的 1/2，通过调制，信号频谱产生了频移，从低频段搬移到了以载波频率为中心的高频段。

四、实验习题

(1) 用符号计算法求下列信号的傅里叶变换，并画出其幅度谱。

① $x_1(t)=\frac{\sin(3\pi(t-2))}{\pi(t-2)}$

② $x_2(t)=e^{-2(t-1)}u(t-1)$

(2) 用符号计算法求下列信号的傅里叶逆变换。

① $X_1(j\omega)=\frac{\sin(2(\omega-2\pi))}{\omega-2\pi}$

② $X_2(j\omega)=\frac{e^{-j2\omega}}{1+\omega^2}$

(3) 已知三角脉冲信号如图 5-9 所示，用数值计算法求其傅里叶变换，并画出其频谱图。

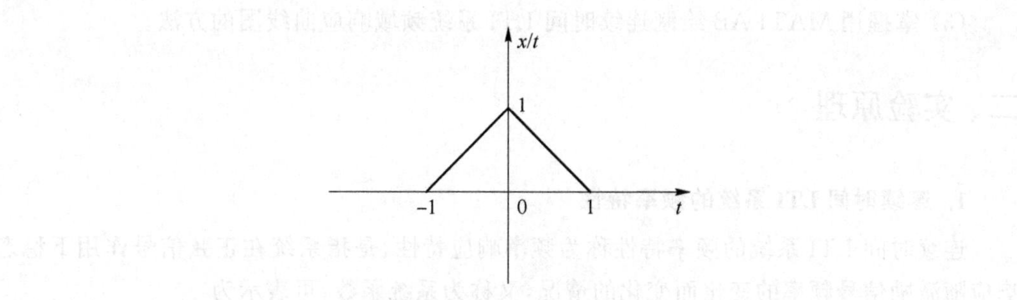

图 5-9 三角脉冲信号

实验6　连续时间LTI系统的频率特性及频域分析

一、实验目的

（1）理解连续时间LTI系统的频率特性。

（2）理解连续时间LTI系统的频域分析方法。

（3）掌握用MATLAB绘制连续时间LTI系统频域响应曲线图的方法。

二、实验原理

1. 连续时间LTI系统的频率特性

连续时间LTI系统的频率特性称为频率响应特性，是指系统在正弦信号作用下稳态响应随激励信号频率的变化而变化的情况，又称为系统函数，可表示为

$$H(\mathrm{j}\omega)=\frac{Y(\mathrm{j}\omega)}{X(\mathrm{j}\omega)}=\frac{b_m(\mathrm{j}\omega)^m+b_{m-1}(\mathrm{j}\omega)^{m-1}+\cdots+b_1(\mathrm{j}\omega)+b_0}{a_n(\mathrm{j}\omega)^n+a_{n-1}(\mathrm{j}\omega)^{n-1}+\cdots+a_1(\mathrm{j}\omega)+a_0}$$

其中，$X(\mathrm{j}\omega)$为系统激励信号的傅里叶变换，$Y(\mathrm{j}\omega)$为系统零状态下响应信号的傅里叶变换，系统频率响应$H(\mathrm{j}\omega)$为二者之比，分母多项式的系数为系统微分方程左边相应项的系数，分子多项式的系数为系统微分方程右边相应项的系数。

一般系统频率响应为ω的复函数，可表示为

$$H(\mathrm{j}\omega)=|H(\mathrm{j}\omega)|\cdot \mathrm{e}^{\varphi(\omega)}$$

其中，$|H(\mathrm{j}\omega)|$随ω的变化规律称为系统幅频响应特性，简称幅频特性；$\varphi(\omega)$随ω的变化规律称为系统相频响应特性，简称相频特性。系统的频率响应$H(\mathrm{j}\omega)$反映了系统的内在固有特性，取决于系统自身的结构与系统元器件参数，与外部激励无关，因此它是表征系统特性的一个重要参数。

MATLAB信号处理工具箱提供了专用绘制频率响应的函数freqs，其调用格式为：H=freqs(B,A,w)。其中，B为系统频率响应$H(\mathrm{j}\omega)$有理多项式中分子多项式的系数向量（降幂排列）；A为分母多项式的系数向量；w为频率抽样点向量，单位为rad/s；返回的H为在向量w所定义的频率点上系统频率响应的样值。

2. 连续时间LTI系统的频域分析

连续时间LTI系统的频域分析是把系统的激励和响应关系应用傅里叶变换，从时域变换到频域，从时间变量t到频率变量ω。通过系统频率响应可以研究响应的频率特性和系统功能，也可以求解正弦信号作用下的稳态响应。

（1）非周期信号激励下系统的响应

频域分析方法的求解步骤为

① 求出输入信号的频谱 $X(\mathrm{j}\omega)$和系统频率响应 $H(\mathrm{j}\omega)$；

② 求出输出信号的频谱 $Y(\mathrm{j}\omega)=X(\mathrm{j}\omega)\cdot H(\mathrm{j}\omega)$；

③ 将 $Y(\mathrm{j}\omega)$进行傅里叶逆变换，得到时域响应 $y(t)$。

(2) 周期信号激励下系统的响应

若线性系统的激励为正弦信号 $x(t)=A\sin(\omega_0 t+\phi)$，当经过系统 $H(\mathrm{j}\omega)$，系统的稳态响应可表示为

$$\begin{aligned}y(t)=x(t)\cdot H(\mathrm{j}\omega_0)&=A\sin(\omega_0 t+\phi)\,|H(\mathrm{j}\omega_0)|\,\mathrm{e}^{\varphi(\omega_0)}\\&=A\,|H(\mathrm{j}\omega_0)|\sin(\omega_0 t+\phi+\varphi(\omega_0))\end{aligned}$$

该式表明，线性系统对正弦输入信号的稳态响应仍然是与正弦输入信号同频率的正弦信号，输出信号的振幅是输入信号振幅 A 的$|H(\mathrm{j}\omega_0)|$倍，输出信号的相位为激励的初相位 ϕ 与 $H(\mathrm{j}\omega_0)$的相位 $\varphi(\omega_0)$之和。

若线性系统的激励为非正弦周期信号，则可先将周期信号进行傅里叶级数展开，再基于正弦信号作用下系统的稳态响应，求出系统在各傅里叶级数分解的频率分量作用下系统的稳态响应，然后由线性性质将这些稳态响应分量进行叠加，最终求得系统的总响应。

三、实验内容

1. 连续时间 LTI 系统的频率特性

例 1 已知连续时间 LTI 系统的微分方程为

$$y''(t)+2y'(t)+4y(t)=3x'(t)+2x(t)$$

计算系统的频率响应，绘制系统的幅频特性和相频特性曲线。

解 对微分方程两端求傅里叶变换，可得：

$$(\mathrm{j}\omega)^2Y(\mathrm{j}\omega)+2(\mathrm{j}\omega)Y(\mathrm{j}\omega)+4Y(\mathrm{j}\omega)=3(\mathrm{j}\omega)X(\mathrm{j}\omega)+2X(\mathrm{j}\omega)$$

$$H(\mathrm{j}\omega)=\frac{Y(\mathrm{j}\omega)}{X(\mathrm{j}\omega)}=\frac{3(\mathrm{j}\omega)+2}{(\mathrm{j}\omega)^2+2(\mathrm{j}\omega)+4}$$

MATLAB 程序如下：

```
w=-3*pi:0.01:3*pi;
B=[3,2];
A=[1,2,4];
H=freqs(B,A,w);
subplot(2,1,1);
plot(w,abs(H),'linewidth',2);
grid on;title('幅频特性');
xlabel('\omega');ylabel('|H(j\omega)|');
subplot(2,1,2);
plot(w,angle(H),'linewidth',2);
grid on;title('相频特性');
xlabel('\omega');ylabel('\phi(\omega)');
```

程序运行结果如图 6-1 所示。

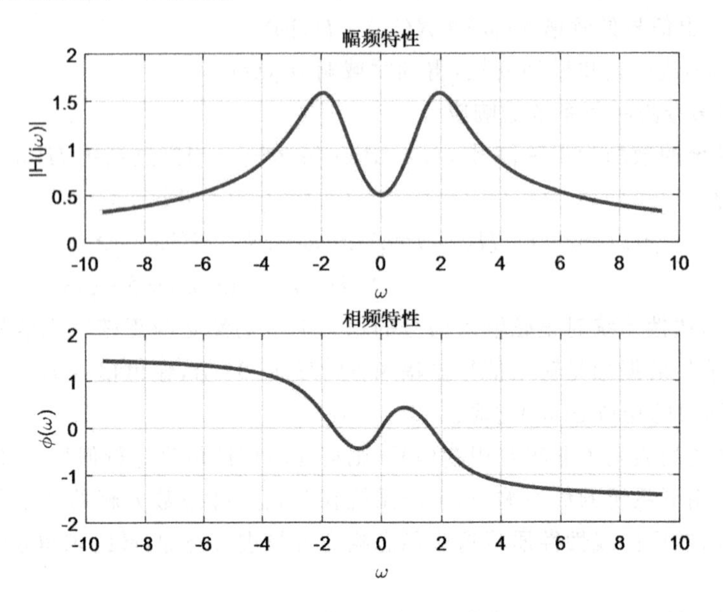

图 6-1　系统的频率响应曲线

例 2　已知 RLC 串联电路如图 6-2 所示，其中 $L=10$ H、$C=0.1$ μF、$R=100$ Ω，计算该电路的频率响应，绘制该电路的幅频响应和相频响应曲线。

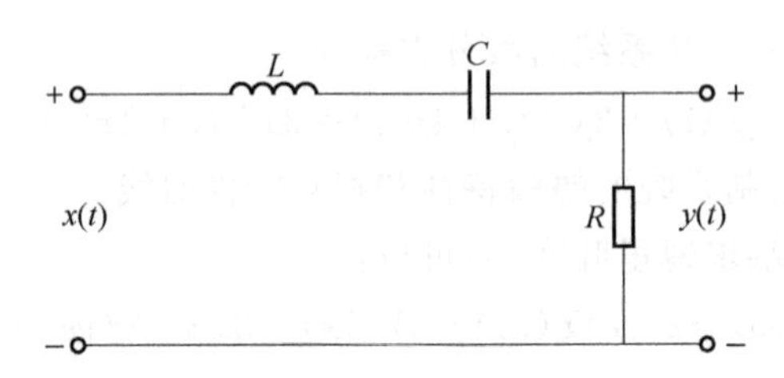

图 6-2　RLC 串联电路

解　该系统的频率响应为

$$H(\mathrm{j}\omega)=\frac{Y(\mathrm{j}\omega)}{X(\mathrm{j}\omega)}=\frac{\frac{R}{L}(\mathrm{j}\omega)}{(\mathrm{j}\omega)^2+\frac{R}{L}(\mathrm{j}\omega)+\frac{1}{LC}}=\frac{10(\mathrm{j}\omega)}{(\mathrm{j}\omega)^2+10(\mathrm{j}\omega)+10^6}$$

其谐振角频率为

$$\omega_0=\pm\frac{1}{\sqrt{LC}}=\pm 1\ 000\ \mathrm{rad/s}$$

MATLAB 程序如下：

```
w=-400*pi:0.02:400*pi;
B=[10,0];
A=[1,10,10^6];
H=freqs(B,A,w);
```

```
subplot(2,1,1);
plot(w,abs(H),'linewidth',2);
grid on;title('幅频特性');
xlabel('\omega');ylabel('|H(j\omega)|');
subplot(2,1,2);
plot(w,angle(H),'linewidth',2);
grid on;title('相频特性');
xlabel('\omega');ylabel('\phi(\omega)');
```

程序运行结果如图 6-3 所示。

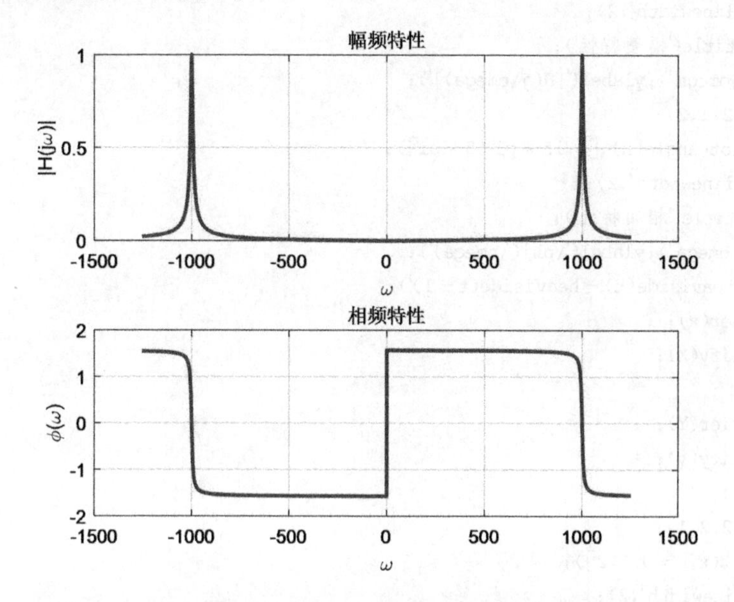

图 6-3 *RLC* 电路的幅频特性和相频特性

由图 6-3 可以看出，该 *RLC* 串联电路具有选频特性，在谐振频率点附近的信号可以通过，其他频率的信号会被衰减。

2. 连续时间 LTI 系统的频域分析

例 3 已知 *RC* 电路如图 6-4 所示，已知 $C=100\ \mu F$、$R=1\ k\Omega$，计算该电路的频率响应，绘制该电路的幅频响应和相频响应曲线。若激励信号为矩形脉冲信号 $x(t)=u(t)-u(t-1)$，绘制该系统的激励和响应的时域波形图和幅度谱。

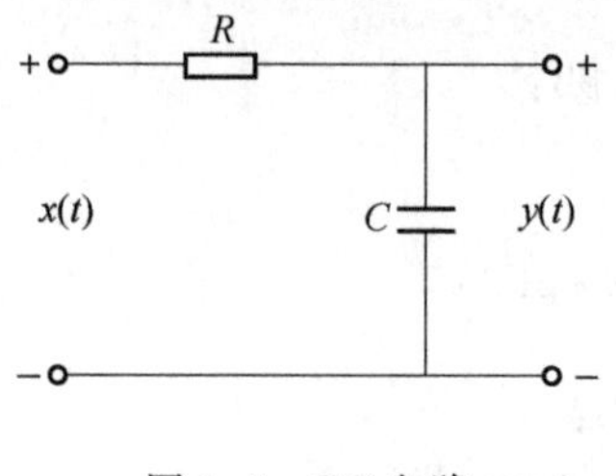

图 6-4 *RC* 电路

解 该电路的频率响应为

$$H(\mathrm{j}\omega)=\frac{Y(\mathrm{j}\omega)}{X(\mathrm{j}\omega)}=\frac{1}{1+(\mathrm{j}\omega)RC}$$

MATLAB 程序如下：

```
syms w;
H = sym('1/(1 + j * w * 1000 * 100e - 6)');
figure(1);
subplot(2,1,1);
H1 = ezplot(abs(H),[ - 15 * pi,15 * pi]);
set(H1,'linewidth',2);
grid on;title('幅频特性');
xlabel('\omega');ylabel('|H(j\omega)|');
subplot(2,1,2);
H2 = ezplot(angle(H),[ - 15 * pi 15 * pi]);
set(H2,'linewidth',2);
grid on;title('相频特性');
xlabel('\omega');ylabel('\phi(\omega)');
x = sym('heaviside(t) - heaviside(t - 1)');
X = fourier(x);
X = simplify(X);
Y = X * H;
y = ifourier(Y);
y = simplify(y);
figure(2);
subplot(2,2,1);
x = ezplot(x,[ - 0.2,2]);
set(x,'linewidth',2);
grid on;title('激励的时域波形');
xlabel('t');ylabel('x(t)');
subplot(2,2,2);
X = ezplot(abs(X),[ - 6 * pi 6 * pi]);
set(X,'linewidth',2);
grid on;title('激励的幅度谱');
xlabel('\omega');ylabel('|X(j\omega)|');
subplot(2,2,3);
y = ezplot(y,[ - 0.2,2]);
set(y,'linewidth',2);
grid on;title('响应的时域波形');
xlabel('t');ylabel('y(t)');
subplot(2,2,4);
Y = ezplot(abs(Y),[ - 6 * pi 6 * pi]);
set(Y,'linewidth',2);
grid on;title('响应的幅度谱');
xlabel('\omega');ylabel('|Y(j\omega)|');
```

程序运行结果如图 6-5、图 6-6 所示。

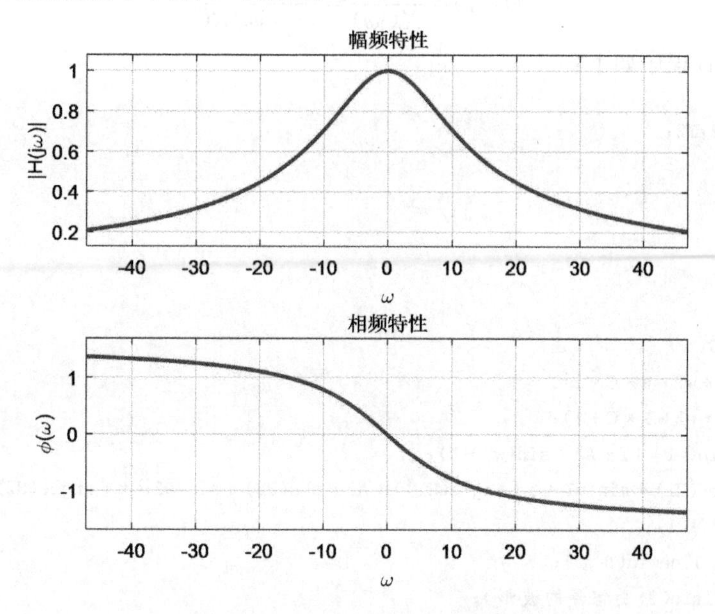

图 6-5 *RC* 电路的频率响应

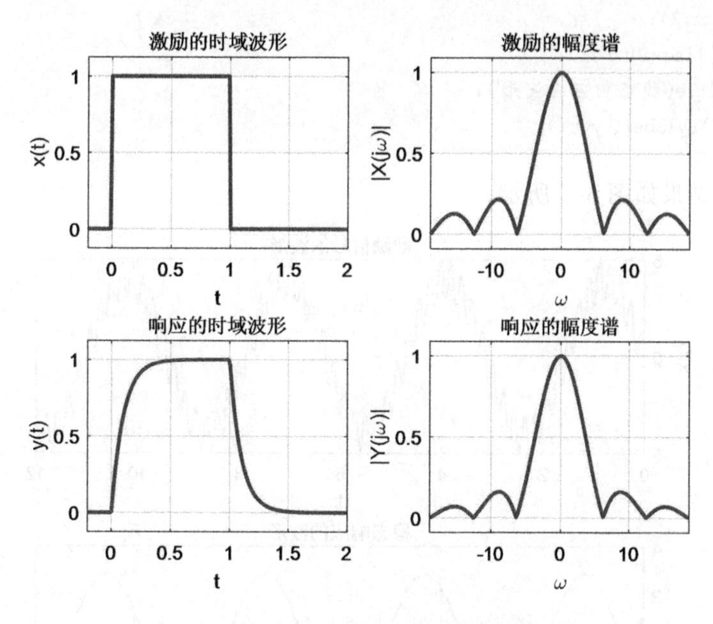

图 6-6 激励和响应的时域波形图和幅度谱

由图 6-5、图 6-6 可以看出，该 *RC* 电路为一个低通滤波器，且其截止频率为 10 rad/s。矩形脉冲信号通过低通滤波器时，高次谐波分量受到了较大衰减，因而响应中只有低频分量，响应的时域波形进而产生了失真，其波形的上升部分和下降部分变得更平缓。

例 4 如图 6-4 所示的 *RC* 电路，若 $C=10\ \mu\text{F}$、$R=50\ \text{k}\Omega$，激励信号为 $x(t)=4\sin 2t+\sin 30t$，求系统的稳态响应。

解 该电路的频率响应为

$$H(\mathrm{j}\omega)=\frac{Y(\mathrm{j}\omega)}{X(\mathrm{j}\omega)}=\frac{1}{1+(\mathrm{j}\omega)RC}$$

MATLAB 程序如下：

```
t = 0:0.02:12;
A1 = 4;
A2 = 1;
w1 = 2;
w2 = 30;
R = 5e4;
C = 10e - 6;
H1 = 1/(j * w1 * R * C + 1);
H2 = 1/(j * w2 * R * C + 1);
x = A1 * sin(w1 * t) + A2 * sin(w2 * t);
y = A1 * abs(H1) * sin(w1 * t + angle(H1)) + A2 * abs(H2) * sin(w2 * t + angle(H2));
subplot(2,1,1);
plot(t,x,'linewidth',1);
grid on;title('激励信号的波形');
xlabel('t');ylabel('x(t)');
subplot(2,1,2);
plot(t,y,'linewidth',1);
grid on;title('稳态响应的波形');
xlabel('t');ylabel('y(t)');
```

程序运行结果如图 6-7 所示。

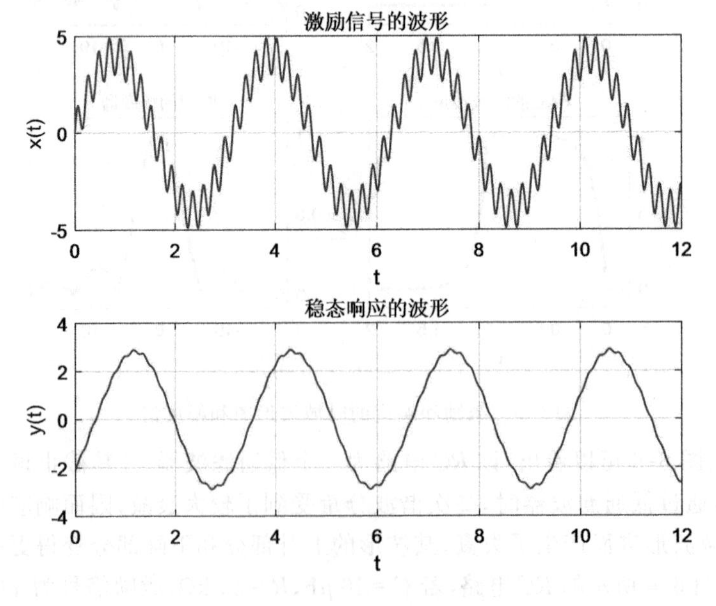

图 6-7　激励信号与稳态响应的波形

由图 6-7 可以看出，该 RC 电路为一个低通滤波器，信号通过该低通滤波器之后，高频分量受到了较大衰减。

四、实验习题

(1) 已知连续系统的微分方程为

$$y''(t)+4y'(t)+3y(t)=x(t)$$

计算系统的频率响应。若激励信号为 $x(t)=3\sin t+\sin 10t$，求系统的稳态响应。

(2) 已知 RC 电路如图 6-8 所示，其中 $C=100\ \mu\text{F}$、$R=5\ \text{k}\Omega$，绘制该电路的幅频响应和相频响应。若激励信号为 $x(t)=u(t)$，求系统的零状态响应。

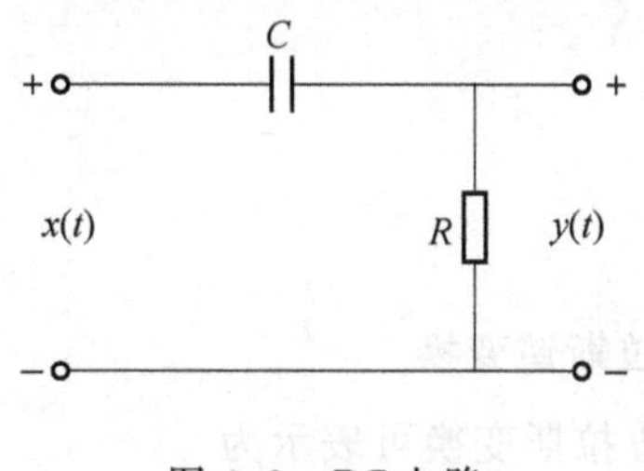

图 6-8 RC 电路

实验 7　连续时间 LTI 系统的复频域分析

一、实验目的

(1) 掌握连续时间信号的拉普拉斯变换和拉普拉斯逆变换。

(2) 掌握拉普拉斯变换和拉普拉斯逆变换的 MATLAB 求解方法。

(3) 掌握系统函数零极点的 MATLAB 求解方法以及零极点分布与系统稳定性、单位冲激响应波形的关系。

二、实验原理

1. 拉普拉斯变换和拉普拉斯逆变换

连续时间信号 $x(t)$ 的拉普拉斯变换可表示为

$$X(s) = \int_{-\infty}^{\infty} x(t)\mathrm{e}^{-st}\,\mathrm{d}t$$

拉普拉斯逆变换可表示为

$$x(t) = \frac{1}{2\pi j}\int_{\sigma-\infty}^{\sigma+\infty} X(s)\mathrm{e}^{st}\,\mathrm{d}s$$

2. 系统函数

一个连续时间 LTI 系统的系统函数可表示为

$$H(s)=\frac{Y(s)}{X(s)}=\frac{b_m s^m + b_{m-1}s^{m-1}+\cdots+b_1 s+b_0}{a_n s^n + a_{n-1}s^{n-1}+\cdots+a_1 s+a_0}$$

其中，$a_0, a_1, \cdots, a_n$ 和 $b_0, b_1, \cdots, b_m$ 为实常数。

系统函数 $H(s)$ 所描述的是连续时间 LTI 系统在复频域内的特性，当系统结构、输入输出位置及性质确定后，$H(s)$ 是不随激励变化而变化的，因此其描述的是系统的固有特性。

3. 系统函数的零极点分布与稳定性判断

系统的稳定性由系统函数 $H(s)$ 的极点在 s 平面上的分布决定，当极点分布在 s 左半平面时，系统是稳定的；当极点分布在虚轴上且为单极点时，系统是临界稳定的；当极点在 s 右半平面或在虚轴上有重极点时，系统是不稳定的。

4. 拉普拉斯变换和系统零极点的 MATLAB 函数

MATLAB 提供了求拉普拉斯变换和系统零极点的函数。

(1) laplace 函数

求信号的拉普拉斯变换。其调用格式为：X=laplace(x)，其中，x 为时域信号的符号表达式，返回的 X 为复频域拉普拉斯变换的符号表达式。

(2) ilaplace 函数

求信号的拉普拉斯逆变换。其调用格式为：x＝ilaplace(X)，其中，X 为复频域拉普拉斯变换的符号表达式，返回的 x 为时域信号的符号表达式。

(3) residue 函数

求有理分式的部分分式展开式。其调用格式为：[r,p,k]＝residue(B,A)，其中，B、A 分别为有理分式的分子和分母多项式的系数向量；r 为部分分式展开式的系数；p 为极点；k 为有理分式的系数，$k=0$ 表示有理真分式。

(4) roots 函数

求方程的根，可用来求系统函数的零点和极点。其调用格式为：p＝roots(A)，其中，A 为方程的系数向量，p 为根向量。

三、实验内容

1. 拉普拉斯变换和拉普拉斯逆变换

例 1 已知连续时间信号 $x_1(t)=u(t)$、$x_2(t)=\mathrm{e}^{-2t}u(t)$、$x_3(t)=\cos(2t)$、$x_4(t)=\sin(2t)$，用 MATLAB 求其对应的拉普拉斯变换 $X_1(s)$、$X_2(s)$、$X_3(s)$、$X_4(s)$。

MATLAB 程序如下：

```
syms t;
x1 = heaviside(t);
X1 = laplace(x1)
x2 = exp( - 2 * t) * heaviside(t);
X2 = laplace(x2)
x3 = cos(2 * t);
X3 = laplace(x3)
x4 = sin(2 * t);
X4 = laplace(x4)
```

程序运行结果为

```
X1 =
    1/s
X2 =
    1/(s + 2)
X3 =
    s/(s^2 + 4)
X4 =
    2/(s^2 + 4)
```

例 2 已知 $X_1(s)=\dfrac{1}{s+2}$、$X_2(s)=\dfrac{1}{s^2}$、$X_3(s)=\dfrac{s}{s^2+4}$、$X_4(s)=\dfrac{2}{s^2+4}$，用 MATLAB 求

其对应的拉普拉斯逆变换 $x_1(t)$、$x_2(t)$、$x_3(t)$、$x_4(t)$。

MATLAB 程序如下：

```
syms s;
X1 = 1/(s + 2);
x1 = ilaplace(X1)
X2 = 1/s^2;
x2 = ilaplace(X2)
X3 = s/(s^2 + 4);
x3 = ilaplace(X3)
X4 = 2/(s^2 + 4);
x4 = ilaplace(X4)
```

程序运行结果为

```
x1 =
    exp( - 2 * t)
x2 =
    t
x3 =
    cos(2 * t)
x4 =
    sin(2 * t)
```

例 3 已知 $X(s)=\frac{s+1}{s^2+5s+6}$，$\mathrm{Re}[s]>0$，用部分分式展开法计算其拉普拉斯逆变换 $x(t)$，并用 MATLAB 仿真验证。

部分分式展开法的理论计算：

$$X(s)=\frac{s+1}{s^2+5s+6}=\frac{s+1}{(s+3)(s+2)}=\frac{A_1}{s+3}+\frac{A_2}{s+2}$$

$$A_1=(s+3)\cdot X(s)\big|_{s=-3}=\left.\frac{s+1}{s+2}\right|_{s=-3}=2$$

$$A_2=(s+2)\cdot X(s)\big|_{s=-2}=\left.\frac{s+1}{s+3}\right|_{s=-2}=-1$$

$$X(s)=\frac{2}{s+3}+\frac{-1}{s+2}\quad(\mathrm{Re}[s]>0)$$

$$x(t)=(2\mathrm{e}^{-3t}-\mathrm{e}^{-2t})u(t)$$

(1) 根据拉普拉斯逆变换 ilaplace 求解

MATLAB 程序如下：

```
syms s;
X = (s + 1)/(s^2 + 5 * s + 6);
x = ilaplace(X)
```

程序运行结果为

```
x =
  2 * exp( - 3 * t) - exp( - 2 * t)
```

(2) 根据部分分式展开法求拉普拉斯逆变换

MATLAB 程序如下：

```
format rat;
B = [1,1];
A = [1,5,6];
[r,p] = residue(B,A)
```

程序运行结果为

```
r =
         2
        - 1
p =
        - 3
        - 2
```

从运行结果可知，极点 $p_1=-3$ 和 $p_2=-2$，其对应部分分式展开式的系数为 $r_1=2$ 和 $r_2=-1$。因此，$X(s)$可展开为

$$X(s)=\frac{2}{s+3}+\frac{-1}{s+2}$$

由 $\mathrm{Re}[s]>0$ 可得：

$$x(t)=(2\mathrm{e}^{-3t}-\mathrm{e}^{-2t})u(t)$$

由此可见，通过两种方法程序输出结果与理论计算是相符的。

例 4　已知 $X(s)=\dfrac{s+4}{s^3+3s^2+2s}$，$\mathrm{Re}[s]>0$，用部分分式展开法计算其拉普拉斯逆变换 $x(t)$，并用 MATLAB 仿真验证。

部分分式展开法的理论计算：

$$X(s)=\frac{s+4}{s(s^2+3s+2)}=\frac{s+4}{(s+2)(s+1)s}=\frac{A_1}{s+2}+\frac{A_2}{s+1}+\frac{A_3}{s}$$

$$A_1=(s+2)\cdot X(s)\big|_{s=-2}=\left.\frac{(s+2)(s+4)}{s(s+1)(s+2)}\right|_{s=-2}=1$$

$$A_2=(s+1)\cdot X(s)\big|_{s=-1}=\left.\frac{(s+1)(s+4)}{s(s+1)(s+2)}\right|_{s=-1}=-3$$

$$A_3=s\cdot X(s)\big|_{s=0}=\left.\frac{s(s+4)}{s(s+1)(s+2)}\right|_{s=0}=2$$

$$X(s)=\frac{1}{s+2}+\frac{-3}{s+1}+\frac{2}{s}\quad(\mathrm{Re}[s]>0)$$

$$x(t)=(\mathrm{e}^{-2t}-3\mathrm{e}^{-t}+2)u(t)$$

(1) 根据拉普拉斯逆变换 ilaplace 求解

MATLAB 程序如下:

```
syms s;
X = (s + 4)/(s^3 + 3 * s^2 + 2 * s);
x = ilaplace(X)
```

程序运行结果为

```
x =
  exp( - 2 * t) - 3 * exp( - t) + 2
```

(2) 根据部分分式展开法求拉普拉斯逆变换

MATLAB 程序如下:

```
format rat;
B = [1,4];
A = [1,3,2,0];
[r,p] = residue(B,A)
```

程序运行结果为

```
r =
        1
      - 3
        2
p =
      - 2
      - 1
        0
```

从运行结果可知,极点 $p_1=-2$、$p_2=-1$ 和 $p_3=0$,其对应部分分式展开式的系数为 $r_1=1$、$r_2=-3$ 和 $r_3=2$。因此,$X(s)$可展开为

$$X(s)=\frac{1}{s+2}+\frac{-3}{s+1}+\frac{2}{s}$$

由 $\mathrm{Re}[s]>0$ 可得:

$$x(t)=(\mathrm{e}^{-2t}-3\mathrm{e}^{-t}+2)u(t)$$

2. 系统函数的零极点

例 5 用 MATLAB 绘制系统函数 $H(s)=\dfrac{s+4}{s^3+3s^2+2s}$的零极点分布图。

MATLAB 程序如下:

```
B = [1,4];
A = [1,3,2,0];
```

```
z = roots(B)
p = roots(A)
plot(real(z),imag(z),'bo',real(p),imag(p),'rx');
grid on;
title('系统的零极点');
xlabel('Real Part');
ylabel('Imaginary Part');
axis([-5,5,-3,3]);
legend('零点','极点');
```

程序运行结果为

```
z =
    -4
p =
     0
    -2
    -1
```

系统函数的零极点分布如图 7-1 所示。

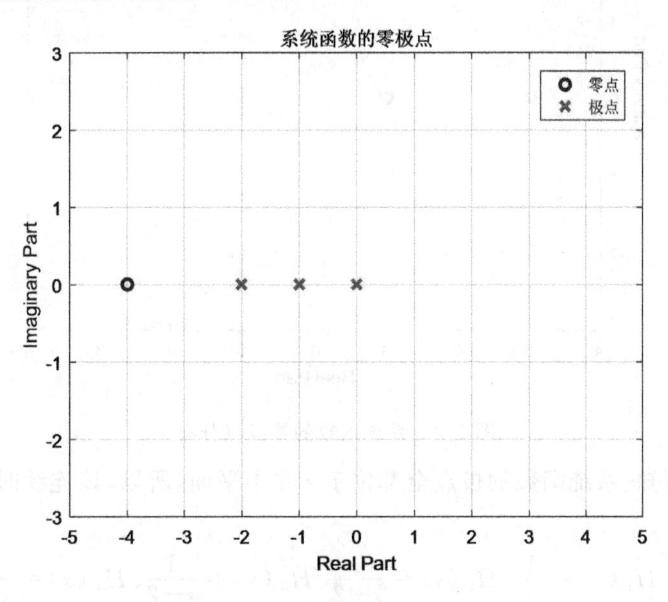

图 7-1　系统函数的零极点分布

3. 系统函数的零极点分布与稳定性的判断

例 6　已知连续时间 LTI 系统的系统函数为

$$H(s)=\frac{s^2+4s+3}{2s^2+s+4}$$

用 MATLAB 绘制其零极点分布图,并判断系统稳定性。

MATLAB 程序如下：

```
B=[1,4,3];
A=[2,1,4];
z=roots(B)
p=roots(A)
plot(real(z),imag(z),'bo',real(p),imag(p),'rx','linewidth',2);
grid on;
title('系统函数的零极点');
xlabel('Real Part');
ylabel('Imaginary Part');
axis([-4,4,-3,3]);
legend('零点','极点');
```

系统函数的零极点分布如图 7-2 所示。

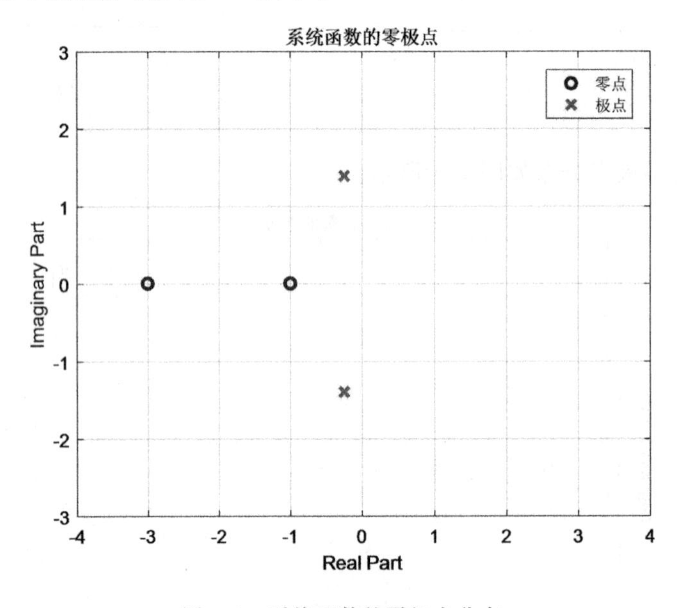

图 7-2 系统函数的零极点分布

由图 7-2 可知，系统函数的极点全部位于 s 左半平面，所以，该连续时间 LTI 系统是稳定的。

例 7 已知 $H_1(s)=\frac{1}{s}$、$H_2(s)=\frac{1}{s+2}$、$H_3(s)=\frac{1}{s-2}$、$H_4(s)=\frac{1}{s^2+1}$、$H_5(s)=\frac{1}{s^2+2s+30}$、$H_6(s)=\frac{1}{s^2-2s+30}$，绘制系统函数的零极点分布图和单位冲激响应的时域波形图，并分析系统零极点分布与系统稳定性和单位冲激响应的时域波形图之间的关系。

MATLAB 程序如下：

```
B1=1;A1=[1,0];
p1=roots(A1);
```

```
subplot(3,2,1);
plot(real(p1),imag(p1),'rx','linewidth',2);
grid on;title('系统函数 H1(s)的零极点');
xlabel('Real Part');ylabel('Imaginary Part');
axis([-5,5,-2,2]);legend('极点');
subplot(3,2,2);
impulse(B1,A1);
grid on;title('单位冲激响应 h1(t)');
axis([0,1,0.5,1.5]);
B2 = 1;A2 = [1,2];
p2 = roots(A2);
subplot(3,2,3);
plot(real(p2),imag(p2),'rx','linewidth',2);
grid on;title('系统函数 H2(s)的零极点');
xlabel('Real Part');ylabel('Imaginary Part');
axis([-5,5,-2,2]);legend('极点');
subplot(3,2,4);
impulse(B2,A2);
grid on;title('单位冲激响应 h2(t)');
axis([0,1,0,1]);
B3 = 1;A3 = [1,-2];
p3 = roots(A3);
subplot(3,2,5);
plot(real(p3),imag(p3),'rx','linewidth',2);
grid on;title('系统函数 H3(s)的零极点');
xlabel('Real Part');ylabel('Imaginary Part');
axis([-5,5,-2,2]);legend('极点');
subplot(3,2,6);
impulse(B3,A3);
grid on;title('单位冲激响应 h3(t)');
axis([0,1,0,8]);
figure;
B4 = 1;A4 = [1,0,1];
p4 = roots(A4);
subplot(3,2,1);
plot(real(p4),imag(p4),'rx','linewidth',2);
grid on;title('系统函数 H4(s)的零极点');
xlabel('Real Part');ylabel('Imaginary Part');
axis([-5,5,-2,2]);legend('极点');
subplot(3,2,2);
impulse(B4,A4);
grid on;title('单位冲激响应 h4(t)');
axis([0,40,-1,1]);
```

```
B5 = 1;A5 = [1,2,30];
p5 = roots(A5);
subplot(3,2,3);
plot(real(p5),imag(p5),'rx','linewidth',2);
grid on;title('系统函数 H5(s)的零极点');
xlabel('Real Part');ylabel('Imaginary Part');
axis([-10,10,-10,10]);legend('极点');
subplot(3,2,4);
impulse(B5,A5);
grid on;title('单位冲激响应 h5(t)');
axis([0,4,-0.2,0.2]);
B6 = 1;A6 = [1,-2,30];
p6 = roots(A6);
subplot(3,2,5);
plot(real(p6),imag(p6),'rx','linewidth',2);
grid on;title('系统函数 H6(s)的零极点');
xlabel('Real Part');ylabel('Imaginary Part');
axis([-10,10,-10,10]);legend('极点');
subplot(3,2,6);
impulse(B6,A6);
grid on;title('单位冲激响应 h6(t)');
axis([0,7,-160,100]);
```

系统函数的零极点分布图和单位冲激响应的时域波形图如图 7-3 所示。

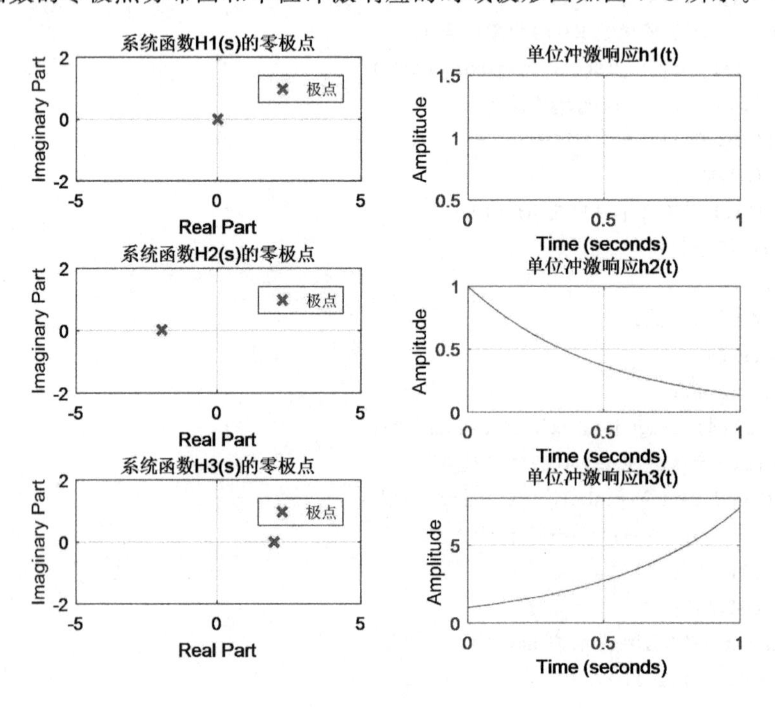

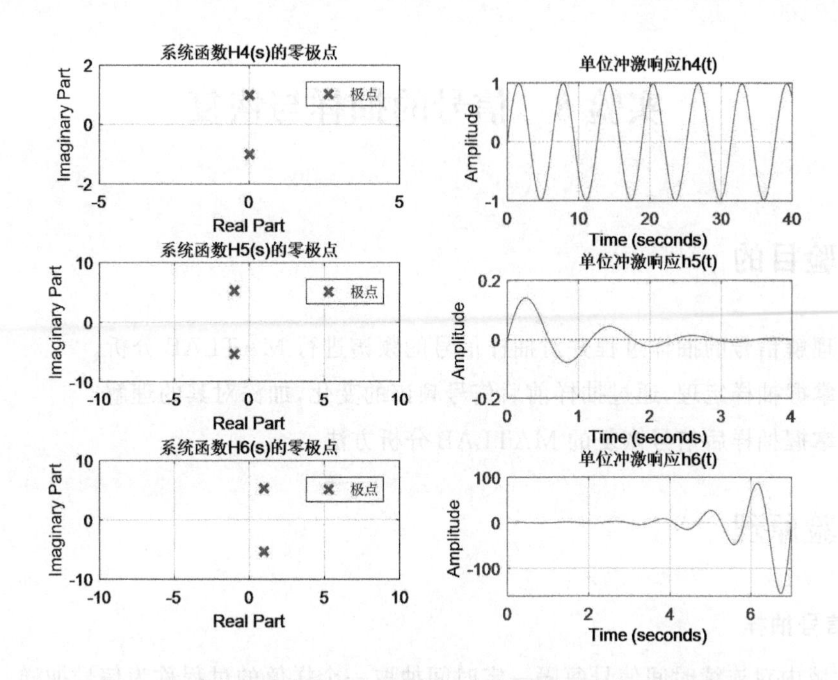

图 7-3 系统函数的零极点分布图和单位冲激响应的时域波形图

由图 7-3 可得到以下结论。

① 极点位于 s 左半平面，系统是稳定的。若为单极点，其单位冲激响应 $h(t)$ 为指数衰减形式；若极点是成对出现的，则对应的 $h(t)$ 为衰减振荡形式。

② 极点位于虚轴上，若为单极点，则系统是临界稳定的，其单位冲激响应 $h(t)$ 对应阶跃信号；若极点是成对出现的，则系统是不稳定的，其对应的 $h(t)$ 为等幅振荡形式。

③ 极点位于 s 右半平面，系统是不稳定的。若为单极点，其单位冲激响应 $h(t)$ 为指数增幅形式；若极点是成对出现的，则对应的 $h(t)$ 为增幅振荡形式。

四、实验习题

(1) 已知连续时间信号 $x(t)=\cos(3t)$，用 MATLAB 求其对应的拉普拉斯变换 $X_1(s)$ 及其时移信号 $x(t-1)$ 对应的拉普拉斯变换 $X_2(s)$。

(2) 已知 $X(s)=\dfrac{2(s+2)(s+5)}{s(s+1)(s+3)}$，$\mathrm{Re}[s]>0$，用部分分式展开法计算其拉普拉斯逆变换 $x(t)$，并用 MATLAB 仿真验证。

(3) 已知 $X(s)=\dfrac{s+2}{s^3+4s^2+3s}$，$\mathrm{Re}[s]>0$，用部分分式展开法计算其拉普拉斯逆变换 $x(t)$，并用 MATLAB 仿真验证。

(4) 绘制系统函数 $H(s)=\dfrac{s-2}{s^2+4s+5}$ 的零极点分布图，并判断系统的稳定性。

实验8　信号的抽样与恢复

一、实验目的

(1) 理解信号的抽样过程并对抽样信号的频谱进行 MATLAB 分析。

(2) 掌握抽样定理,通过抽样前后信号频谱的变化,加深对其的理解。

(3) 掌握抽样后信号恢复的 MATLAB 分析方法。

二、实验原理

1. 信号抽样

在时域内对连续时间信号每隔一定时间抽取一个样值的过程称为信号抽样。通过信号抽样得到的一系列离散样值信号称为抽样信号,通常用 $x_s(t)$来表示。抽样信号可以表示成连续时间信号 $x(t)$与抽样脉冲序列 $p(t)$的乘积,即:

$$x_s(t)=x(t)\cdot p(t)$$

若抽样脉冲序列 $p(t)$为单位冲激脉冲序列,则这种抽样称为理想抽样。其中,单位冲激脉冲序列的表达式为

$$p(t)=\delta_{T_s}(t)=\sum_{n=-\infty}^{\infty}\delta(t-nT_s)$$

抽样信号 $x_s(t)$的表达式可进一步表示为

$$x_s(t)=x(t)\cdot p(t)=x(t)\cdot\delta_{T_s}(t)=x(t)\cdot\sum_{n=-\infty}^{\infty}\delta(t-nT_s)=\sum_{n=-\infty}^{\infty}x(nT_s)\cdot\delta(t-nT_s)$$

单位冲激脉冲序列的频谱可表示为

$$P(\mathrm{j}\omega)=\omega_s\cdot\sum_{n=-\infty}^{\infty}\delta(\omega-n\omega_s)$$

其中,$\omega_s=2\pi/T_s$。

假设连续时间信号 $x(t)$的频谱为 $X(\mathrm{j}\omega)$,则根据傅里叶变换的频域卷积性质,可得抽样信号 $x_s(t)$的频谱为

$$X_s(\mathrm{j}\omega)=\frac{1}{2\pi}X(\mathrm{j}\omega)*P(\mathrm{j}\omega)=\frac{1}{2\pi}X(\mathrm{j}\omega)*\omega_s\sum_{n=-\infty}^{\infty}\delta(\omega-n\omega_s)$$

$$=\frac{1}{T_s}\sum_{n=-\infty}^{\infty}X(\mathrm{j}(\omega-n\omega_s))$$

由此可见，抽样信号的频谱是由原信号频谱以抽样频率为间隔进行周期性延拓得到的。

2. 抽样定理

一个有限频宽的连续时间信号 $x(t)$，其最高频率为 ω_m，经过等间隔抽样后，如果 $\omega_s \geqslant 2\omega_m$，即抽样频率 ω_s 不小于信号最高频率 ω_m 的两倍，就能从抽样信号中恢复原信号；如果 $\omega_s < 2\omega_m$，抽样信号的频谱就会产生混叠，无法无失真恢复原信号。

满足抽样定理要求的最低抽样频率 $f_s = 2f_m\left(f_s = \frac{\omega_s}{2\pi}、f_m = \frac{\omega_m}{2\pi}\right)$称为奈奎斯特抽样频率，最大允许的抽样间隔 $T_s = \frac{1}{f_s} = \frac{1}{2f_m} = \frac{\pi}{\omega_m}$称为奈奎斯特抽样间隔。

3. 信号恢复

在满足抽样定理的条件下，为了从抽样信号的频谱 $X_s(j\omega)$中无失真地恢复原信号频谱 $X(j\omega)$，可以将抽样信号通过一个截止频率为 $\omega_m \leqslant \omega_c \leqslant \omega_s - \omega_m$ 的理想低通滤波器，即将 $X_s(j\omega)$与理想低通滤波器的频谱 $H(j\omega)$相乘，就可以得到原信号频谱 $X(j\omega)$。由时域卷积定理可得到：$x(t) = x_s(t) * h(t)$，其中，$h(t)$为理想低通滤波器的单位冲激响应，其表达式为

$$h(t) = \frac{T_s\omega_c}{\pi}\mathrm{Sa}(\omega_c t)$$

因此恢复信号的表达式为

$$\begin{aligned} x(t) &= x_s(t) * h(t) = \sum_{n=-\infty}^{\infty} x(nT_s) \cdot \delta(t - nT_s) * \frac{T_s\omega_c}{\pi}\mathrm{Sa}(\omega_c t) \\ &= \frac{T_s\omega_c}{\pi}\sum_{n=-\infty}^{\infty} x(nT_s) \cdot \mathrm{Sa}(\omega_c(t - nT_s)) \end{aligned}$$

三、实验内容

1. 信号抽样

例 1 对信号 $x(t) = \mathrm{Sa}(t)$进行抽样，假设其截止频率为 $\omega_m = \pi/2$，在 $\omega_s > 2\omega_m$、$\omega_s = 2\omega_m$、$\omega_s < 2\omega_m$ 三种不同的抽样频率情况下，绘制各个抽样信号的波形图和幅度谱，并分析其频率混叠现象。

解 奈奎斯特抽样间隔为

$$\frac{2\pi}{\omega_s} = \frac{2\pi}{2\omega_m} = 2$$

所以，可以取 T_s 分别为 1、2、2.5。

MATLAB 程序如下：

```
dt = 0.01
t0 =- 15:dt:15;
x = sinc(t0/pi);
subplot(4,2,1);
plot(t0,x,'linewidth',1);
grid on;title('Sa 信号');
xlabel('t');ylabel('x(t)');
axis([ - 15,15, - 0.3,1.1]);
N = 1000;
k =- N:N;
w = pi * k/(N * dt);
X = dt * x * exp( - j * t0' * w);
subplot(4,2,2);
plot(w,abs(X),'linewidth',1);
grid on;title('Sa 信号的幅度谱');
xlabel('\omega');ylabel('X(j\omega)');
axis([ - 10,10, - 0.2,1.1 * pi]);
Ts0 = [1,2,2.5];
for r = 1:3
    Ts = Ts0(r);
    t1 =- 15:Ts:15;
    xst = sinc(t1/pi);
    subplot(4,2,r * 2 + 1);
    plot(t0,x,':','linewidth',1);hold on;
    stem(t1,xst,'linewidth',1,'markersize',2);
    grid on;title(['抽样信号 Ts =',num2str(Ts)]);
    xlabel('t');ylabel('xs(t)');
    axis([ - 15,15, - 0.3,1.1]);hold off;
    Xsw = Ts * xst * exp( - j * t1' * w);
    subplot(4,2,r * 2 + 2);
    plot(w,abs(Xsw),'linewidth',1);
    grid on;title('抽样信号的幅度谱');
    xlabel('\omega');ylabel('Xs(j\omega)');
    axis([ - 10,10, - 0.2,1.1 * pi]);
end
```

程序运行结果如图 8-1 所示。

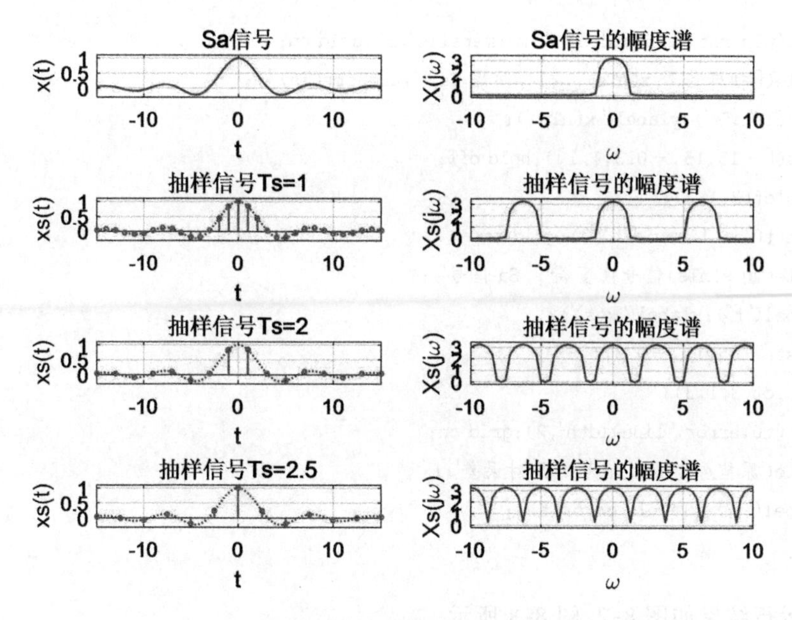

图 8-1 不同抽样频率下，抽样信号的波形图和幅度谱

由图 8-1 可知，当抽样间隔大于奈奎斯特抽样间隔时，即抽样频率小于奈奎斯特抽样频率时，会产生较严重的频率混叠现象。

2. 信号的恢复

例 2 将例 1 中的抽样信号通过截止频率 $\omega_c=\omega_m$ 的低通滤波器进行恢复，抽样间隔分别取 $T_s=2$ 和 $T_s=3$，绘制各个恢复信号的波形图，并分析其与原信号的绝对误差。

MATLAB 程序如下：

```
wm = pi/2;
wc = wm;
Ts0 = [2,3];
for r = 1:2
  Ts = Ts0(r);
  n = - 10:10;
  nTs = n * Ts;
  xst = sinc(nTs/pi);
  t0 = - 15:0.1:15;
x = xst * Ts * wc/pi * sinc((wc/pi) * (ones(length(nTs),1) * t0 - nTs' * ones(1,length
(t0))));
  x0 = sinc(t0/pi);
  error = abs(x - x0);
  figure(r);
  subplot(3,1,1);
  plot(t0,x0,':','linewidth',2);hold on;
```

```
    stem(nTs,xst,'linewidth',2,'markersize',3);grid on;
    title(['抽样信号 x(nTs)  抽样间隔 Ts =',num2str(Ts)]);
    xlabel('nTs');ylabel('x(nTs)');
    axis([-15,15,-0.3,1.1]);hold off;
    subplot(3,1,2);
    plot(t0,x,'linewidth',2);grid on;
    title('由 x(nTs)信号恢复得到 Sa 信号');
    xlabel('t');ylabel('x(t)');
    axis([-15,15,-0.3,1.5]);
    subplot(3,1,3);
    plot(t0,error,'linewidth',2);grid on;
    title('原信号与恢复信号的绝对误差');
    xlabel('t');ylabel('error(t)');
end
```

程序运行结果如图 8-2、图 8-3 所示。

由图 8-2、图 8-3 可知，当满足抽样定理时，恢复信号与原信号的误差较小，恢复效果好；当抽样间隔大于奈奎斯特抽样间隔时，恢复信号与原信号的误差较大，失真较严重，恢复效果较差。

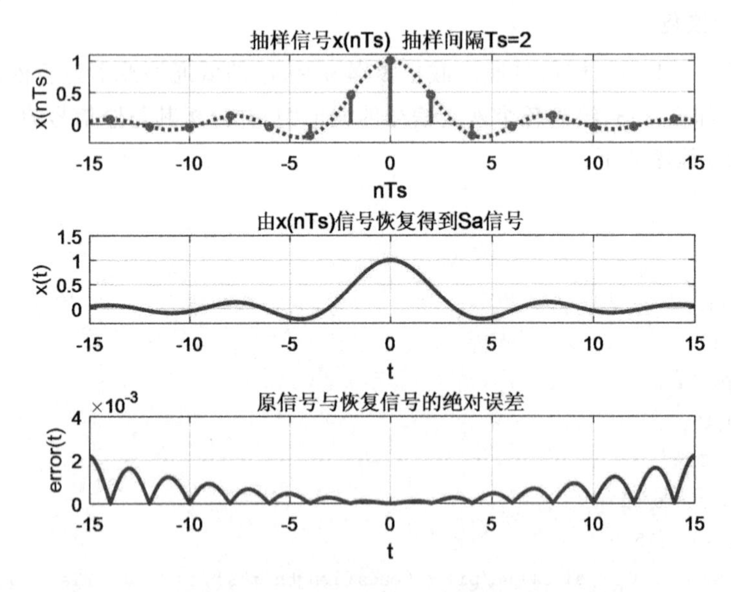

图 8-2 抽样间隔等于奈奎斯特抽样间隔时的信号恢复

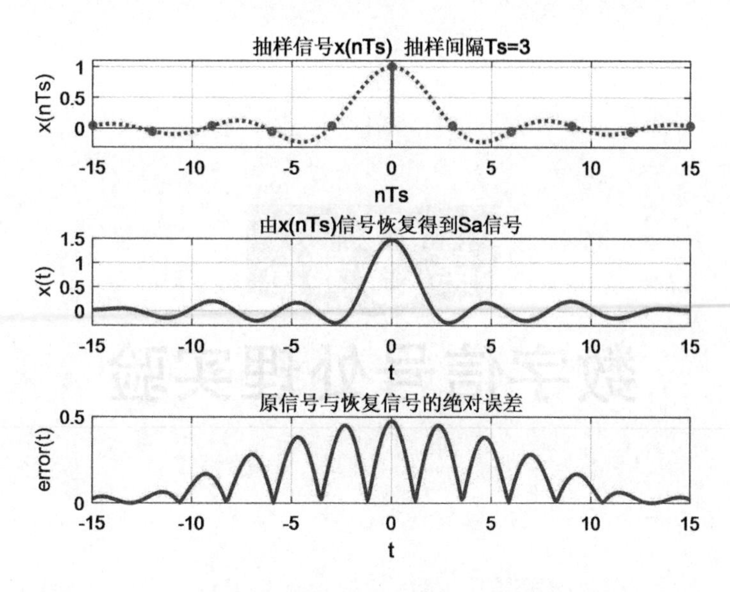

图 8-3 抽样间隔大于奈奎斯特抽样间隔时的信号恢复

四、实验习题

(1) 对正弦信号 $f(t)=\cos 40\pi t$ 的进行抽样，在 $f_s=20$ Hz、$f_s=40$ Hz、$f_s=100$ Hz 三种不同抽样频率情况下，绘制原信号、抽样信号和恢复信号的波形图，并比较得出结论。

(2) 对升余弦脉冲信号 $f(t)=(1+\cos t)/2$ 进行抽样，假设其截止频率为 $\omega_m=2$，在 $\omega_s>2\omega_m$、$\omega_s=2\omega_m$、$\omega_s<2\omega_m$ 三种不同的抽样频率情况下，绘制原信号与抽样信号的波形图和幅度谱，以及原信号和恢复信号的波形图和绝对误差，对其进行比较并得出结论。

第3部分 数字信号处理实验

实验 9　离散时间信号的表示与运算

一、实验目的

（1）熟悉单位脉冲序列、单位阶跃序列、矩形序列、正弦序列、实指数序列和复指数序列的表示。

（2）掌握离散时间信号的加减、乘法、时移、反褶、卷积和等基本运算的 MATLAB 仿真。

（3）掌握常用离散时间信号的 MATLAB 表示方法。

二、实验原理

1. 离散时间信号的表示

离散时间信号是指在某些离散时刻给出函数值的时间函数，是时间上不连续的序列。通常，离散时刻的间隔是均匀的，如果时间间隔为 T，则此离散时间信号可以用 $x(nT)$ 表示，其中 n 取整数，也可以简记为 $x(n)$。

常用的离散时间信号有单位脉冲序列、单位阶跃序列、矩形序列、正弦序列、指数序列等。

（1）单位脉冲序列

单位脉冲序列常以符号 $\delta(n)$ 表示，其定义为

$$\delta(n)=\begin{cases}1 & (n=0)\\ 0 & (n\neq 0)\end{cases}$$

（2）单位阶跃序列

单位阶跃序列常以符号 $u(n)$ 表示，其定义为

$$u(n)=\begin{cases}1 & (n\geqslant 0)\\0 & (n<0)\end{cases}$$

(3) 矩形序列

矩形序列常以符号 $R_N(n)$表示,其定义为

$$R_N(n)=\begin{cases}1 & (0\leqslant n\leqslant N-1)\\0 & (n<0,n>N-1)\end{cases}$$

其中,N 为矩形序列长度。

(4) 正弦序列

正弦序列定义为

$$x(n)=A\sin(\omega n+\varphi)$$

其中,A 为正弦序列的幅值,ω 为正弦序列的数字角频率,φ 为正弦序列的初始相位。

(5) 实指数序列

实指数序列定义为

$$x(n)=Aa^n$$

其中,A 为幅值,a 为实数。

(6) 复指数序列

复指数序列定义为

$$x(n)=\mathrm{e}^{(\alpha+\mathrm{j}\omega)n}$$

由欧拉公式可进一步推导,得到:

$$x(n)=\mathrm{e}^{(\alpha+\mathrm{j}\omega)n}=\mathrm{e}^{\alpha n}\cdot\mathrm{e}^{\mathrm{j}\omega n}=\mathrm{e}^{\alpha n}[\cos(\omega n)+\mathrm{j}\sin(\omega n)]$$

其中,当 $\omega=0$ 时,$x(n)=\mathrm{e}^{\alpha n}$是实指数序列;当 $\alpha>0$、$\omega\neq 0$ 时,复指数序列 $x(n)$的实部和虚部是按指数规律增长的正弦振荡序列;当 $\alpha<0$、$\omega\neq 0$ 时,复指数序列 $x(n)$的实部和虚部是按指数规律衰减的正弦振荡序列;当 $\alpha=0$、$\omega\neq 0$ 时,复指数序列 $x(n)$为虚指数序列,其实部和虚部是等幅的正弦振荡序列。

2. 离散时间信号的运算

离散时间信号的运算包括加减运算、乘法运算、时移运算、反褶运算、卷积和运算等,具体基本运算如下。

(1) 加减运算

两个离散时间信号的加减运算是指两个信号的样本值逐点对应相加减,从而得到新信号。如 $x(n)=x_1(n)+x_2(n)$,其中,$x_1(n)$和 $x_2(n)$是相同序号的样本值相加或相减。

(2) 乘法运算

两个离散时间信号的乘法运算是指两个信号的样本值逐点对应相乘,从而得到新信号。如 $x(n)=x_1(n)\cdot x_2(n)$,其中,$x_1(n)$和 $x_2(n)$是相同序号的样本值相乘。

(3) 时移运算

离散时间信号 $x(n)$的时移就是将信号数学表达式中的自变量 n 用 $n\pm n_0$ 替换,其中,n_0 为正实数。$x(n)$时移后的波形就是原波形在时间轴上向左或向右移动。

(4) 反褶运算

离散时间信号 $x(n)$的反褶就是将信号数学表达式中的自变量 n 用 $-n$ 替换,$x(n)$反褶后的波形就是原波形关于纵轴的镜像。

(5) 卷积和运算

对于两个离散时间信号 $x_1(n)$和 $x_2(n)$,其线性卷积和可表示为

$$x_1(n) * x_2(n) = \sum_{m=-\infty}^{\infty} x_1(m)x_2(n-m)$$

三、实验内容

1. 离散时间信号的表示

(1) 基本离散时间信号

例 1 已知 $x(n)=\{-2,1,5,4,-1,3,-5,0,2\}(-4\leqslant n\leqslant 4)$,用 MATLAB 表示基本离散时间信号 $x(n)$。

MATLAB 程序如下:

```
n1 = - 4;
n2 = 4;
n = n1:n2;
x = [ - 2,1,5,4, - 1,3, - 5,0,2];
stem(n,x,'filled','linewidth',2);
grid on;
title('离散时间信号');
xlabel('n');
ylabel('x(n)');
axis([n1,n2, - 5,5]);
```

生成的基本离散时间信号如图 9-1 所示。

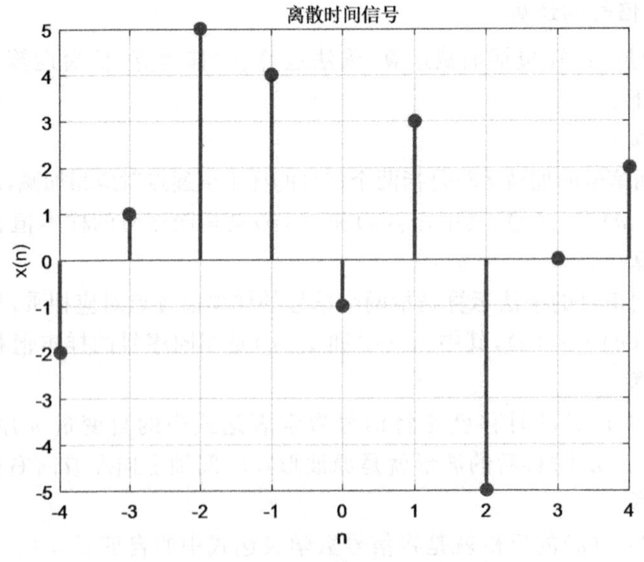

图 9-1 基本离散时间信号

(2) 单位脉冲序列

例 2 用 MATLAB 表示单位脉冲序列 $x(n)=\delta(n)$。

MATLAB 程序如下：

```
n1 =- 4;
n2 = 4;
n = n1:n2;
k = 0;
x = [(n - k) = = 0];
stem(n,x,'fill','linewidth',2);
grid on;
title('单位脉冲序列');
xlabel('n');
ylabel('x(n)');
axis([n1,n2, - 1,1]);
```

生成的单位脉冲序列如图 9-2 所示。

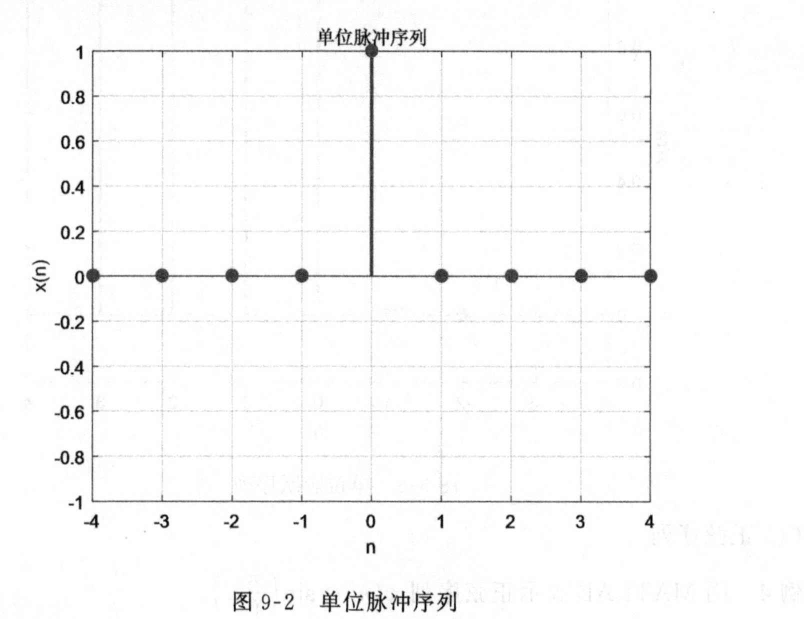

图 9-2 单位脉冲序列

(3) 单位阶跃序列

例 3 用 MATLAB 表示单位阶跃序列 $x(n)=u(n)$。

MATLAB 程序如下：

```
n1 =- 4: - 1;
k1 = length(n1);
n2 = 0:4;
k2 = length(n2);
```

```
u1 = zeros(1,k1);
u2 = ones(1,k2);
stem(n1,u1,'filled','linewidth',2);
hold on;
stem(n2,u2,'filled','linewidth',2);
hold off;
grid on;
title('单位阶跃序列');
xlabel('n');
ylabel('x(n)');
axis([-4,4,-0.2,1.2]);
```

生成的单位阶跃序列如图 9-3 所示。

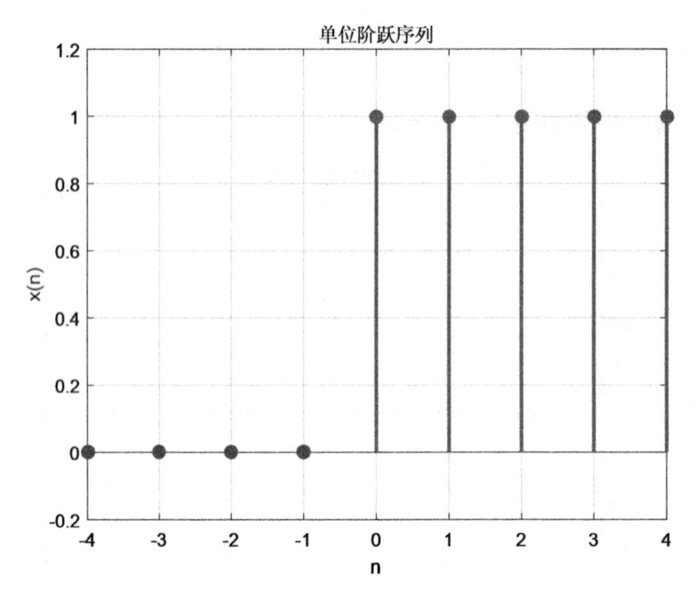

图 9-3　单位阶跃序列

(4) 正弦序列

例 4　用 MATLAB 表示正弦序列 $x(n)=\sin\left(\frac{\pi}{6}n\right)$。

MATLAB 程序如下：

```
n1 = 0;
n2 = 24;
n = n1:n2;
w = pi/6;
x = sin(w * n);
stem(n,x,'filled','linewidth',2);
```

```
grid on;
title('正弦序列');
xlabel('n');
ylabel('x(n)');
axis([n1,n2,-1,1]);
```

生成的正弦序列如图 9-4 所示。

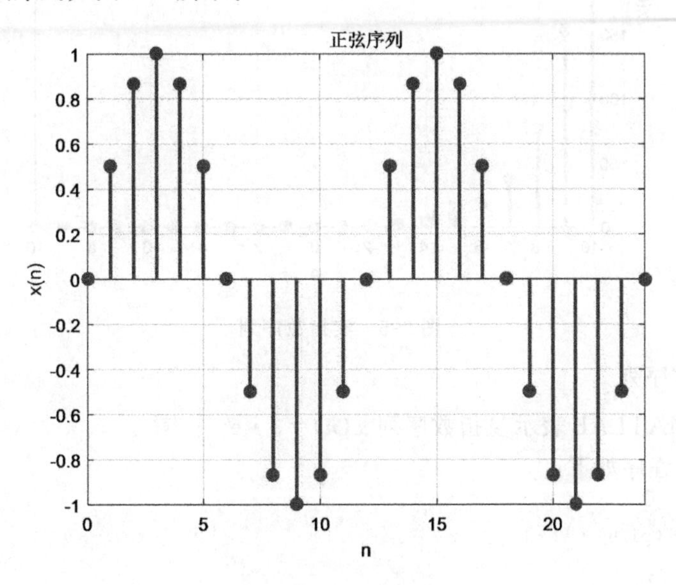

图 9-4　正弦序列

(5) 实指数序列

例 5　用 MATLAB 表示实指数序列 $x(n)=0.3\cdot(0.5)^n$。

MATLAB 程序如下：

```
n=-10:10;
A=0.3;
a=0.5;
x=A*a.^n;
stem(n,x,'filled','linewidth',2);
grid on;
title('实指数序列');
xlabel('n');
ylabel('x(n)');
```

生成的实指数序列如图 9-5 所示。

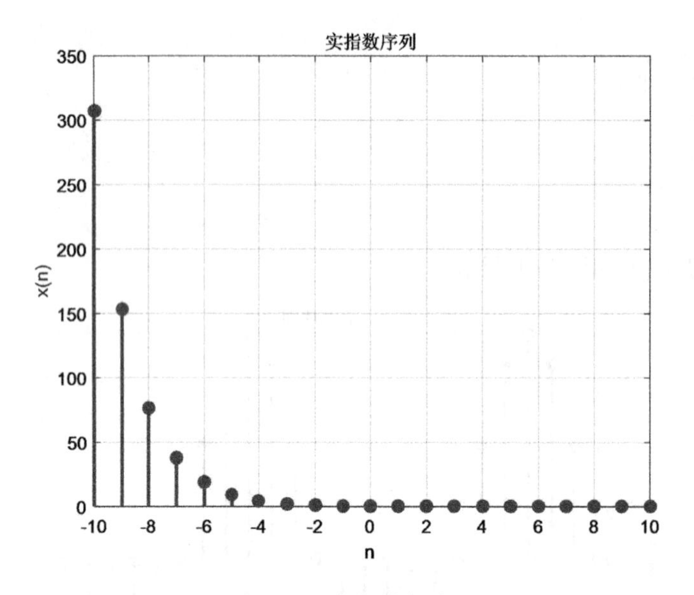

图 9-5　实指数序列

(6) 复指数序列

例 6　用 MATLAB 表示复指数序列 $x(n)=3\cdot e^{(-\frac{1}{6}+j\frac{\pi}{6})n}$。

MATLAB 程序如下：

```
k=-(1/6)+(pi/6)*i;
A=3;n=0:50;
x=A*exp(k*n);
subplot(2,2,1);stem(n,real(x),'linewidth',1,'markersize',2);grid on;
xlabel('n');ylabel('x(n)的实部');
axis([0,50,-2,3]);
subplot(2,2,2);stem(n,imag(x),'linewidth',1,'markersize',2);grid on;
xlabel('n');ylabel('x(n)的虚部');
axis([0,50,-2,3]);
subplot(2,2,3);stem(n,abs(x),'linewidth',1,'markersize',2);grid on;
xlabel('n');ylabel('x(n)的模');
axis([0,50,0,3]);
subplot(2,2,4);stem(n,angle(x),'linewidth',1,'markersize',2);grid on;
xlabel('n');ylabel('x(n)的相角');
axis([0,50,-3,4]);
suptitle('复指数序列');
```

生成的复指数序列如图 9-6 所示。

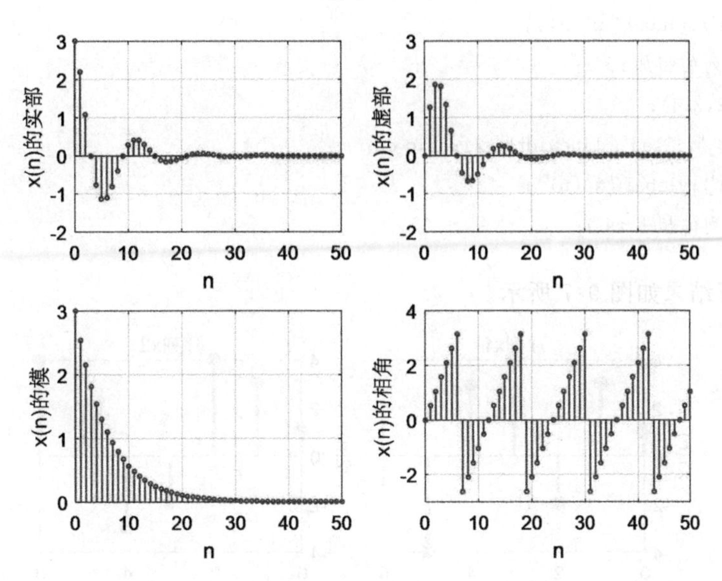

图 9-6 复指数序列

2. 离散时间信号的运算

(1) 加、乘运算

例 7 已知 $x_1(n)=\{1,3,-2,4,3,-4,2\}$，$x_2(n)=\{1,3,4,-2,-3,2,4\}$，用 MATLAB 表示 $x_3(n)=x_1(n)+x_2(n)$ 和 $x_4(n)=x_1(n)\cdot x_2(n)$。

MATLAB 程序如下：

```
x1 = [1,3,-2,4,3,-4,2];
x2 = [1,3,4,-2,-3,2,4];
n = 0:length(x1) - 1;
x3 = x1 + x2;
x4 = x1. * x2;
subplot(2,2,1);
stem(n,x1,'filled','linewidth',2);grid on;
xlabel('n');ylabel('x1(n)');
title('序列 x1');
subplot(2,2,2);
stem(n,x2,'filled','linewidth',2);grid on;
xlabel('n');ylabel('x2(n)');
title('序列 x2');
subplot(2,2,3);
```

```
stem(n,x3,'filled','linewidth',2);grid on;
xlabel('n');ylabel('x3(n)');
title('序列的相加 x3');
subplot(2,2,4);
stem(n,x4,'filled','linewidth',2);grid on;
xlabel('n');ylabel('x4(n)');
title('序列的相乘 x4');
```

程序运行结果如图 9-7 所示。

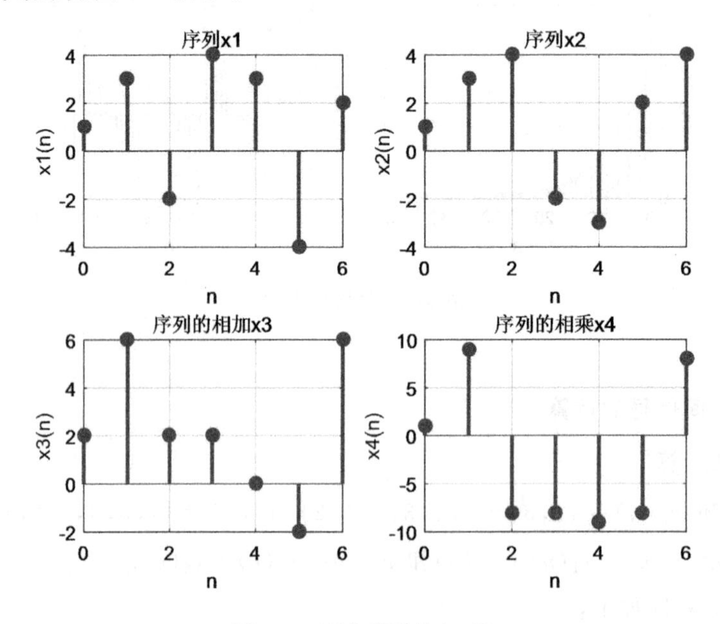

图 9-7 两个序列的加、乘

(2) 时移运算

例 8 已知$x(n)=\{1,2,3,1,2,3\}(0\leqslant n\leqslant 5)$,用 MATLAB 表示时移序列 $x(n-1)$和$x(n+1)$。

MATLAB 程序如下:

```
n1 = 0:5;
x = [1,2,3,1,2,3];
subplot(3,1,1);
stem(n1,x,'filled','linewidth',2);grid on;
title('离散时间序列');
xlabel('n');ylabel('x(n)');
axis([-1,6,0,3]);
n0 = 1;
n2 = n1 + n0;
```

```
subplot(3,1,2);
stem(n2,x,'filled','linewidth',2);grid on;
title('序列的右移');
xlabel('n');ylabel('x(n-1)');
axis([-1,6,0,3]);
n0 =-1;
n3 = n1 + n0;
subplot(3,1,3);
stem(n3,x,'filled','linewidth',2);grid on;
title('序列的左移');
xlabel('n');ylabel('x(n+1)');
axis([-1,6,0,3]);
```

程序运行结果如图 9-8 所示。

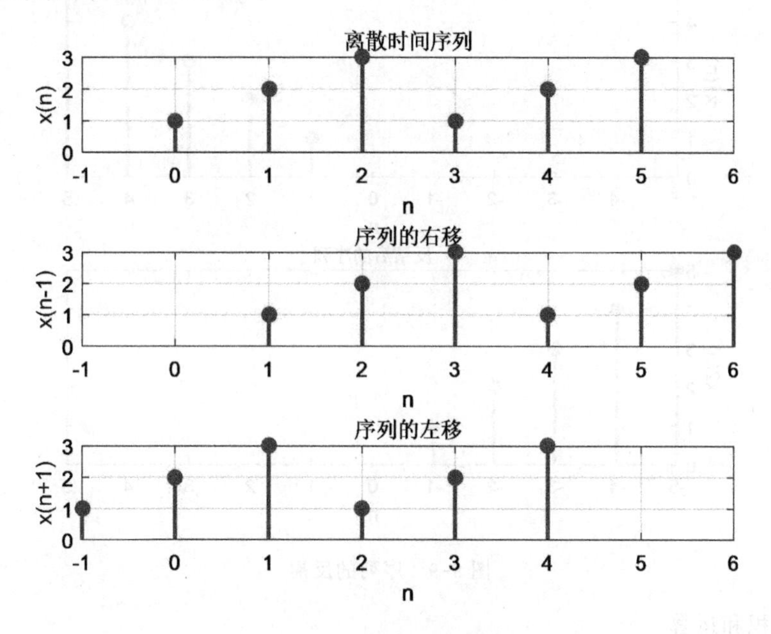

图 9-8 序列的时移

(3) 反褶运算

函数 fliplr 可以实现矩阵行元素的左右翻转,其调用格式为 b=fliplr(a),若 a 为行向量,则 fliplr(a)返回与其元素的顺序翻转的相同长度的向量。

例 9 已知 $x(n)=\{1,2,3,4,5\}(1\leqslant n\leqslant 5)$,用 MATLAB 表示反褶序列 $x(-n)$。

MATLAB 程序如下:

```
n1 = 1:5;
x1 = [1,2,3,4,5];
subplot(2,1,1);
stem(n1,x1,'filled','linewidth',2);
```

```
grid on;title('离散时间序列');
xlabel('n');ylabel('x1(n)');
axis([-5,5,0,5]);
n2 =- fliplr(n1);
x2 = fliplr(x1);
subplot(2,1,2);
stem(n2,x2,'filled','linewidth',2);
grid on;title('反褶后的序列');
xlabel('n');ylabel('x2(n)');
axis([-5,5,0,5]);
```

程序运行结果如图 9-9 所示。

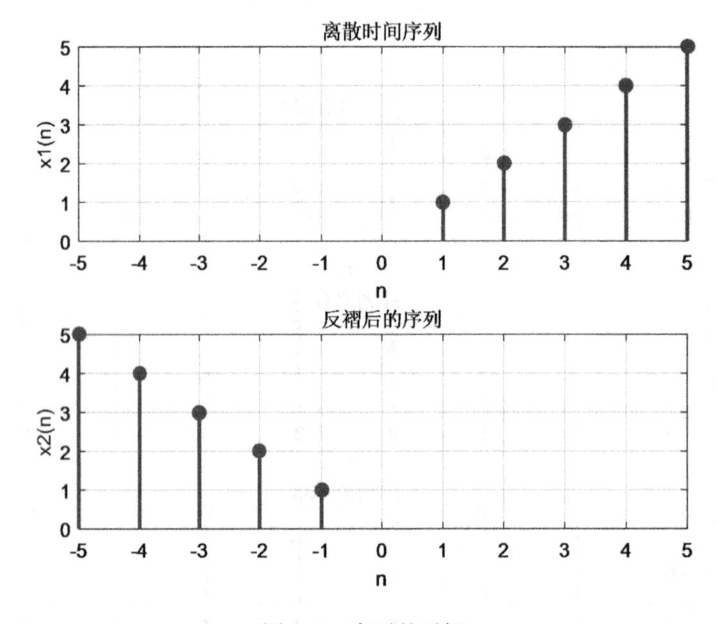

图 9-9 序列的反褶

(4) 卷积和运算

函数 conv 可以实现两个序列的卷积和,其调用格式:c=conv(a,b),a 和 b 为待卷积的两序列的向量表示,c 为卷积结果,c 向量的长度为向量 a 和向量 b 的长度之和减 1。

例 10 已知 $x(n)=\left\{\frac{n}{2},1\leqslant n\leqslant 3\right\}$,$h(n)=\{1,0\leqslant n\leqslant 2\}$,用 MATLAB 表示卷积和 $y(n)=x(n)*h(n)$。

MATLAB 程序如下:

```
n1 = [1,2,3];
x = [1/2,1,3/2];
n2 = [0,1,2];
h = [1,1,1];
```

```
y = conv(x,h);
k1 = n1(1) + n2(1);
k2 = n1(length(x)) + n2(length(h));
n = [k1:k2];
stem(n,y,'filled','linewidth',2);
grid on;title('卷积和运算');
xlabel('n');ylabel('y(n)');
```

程序运行结果如图 9-10 所示。

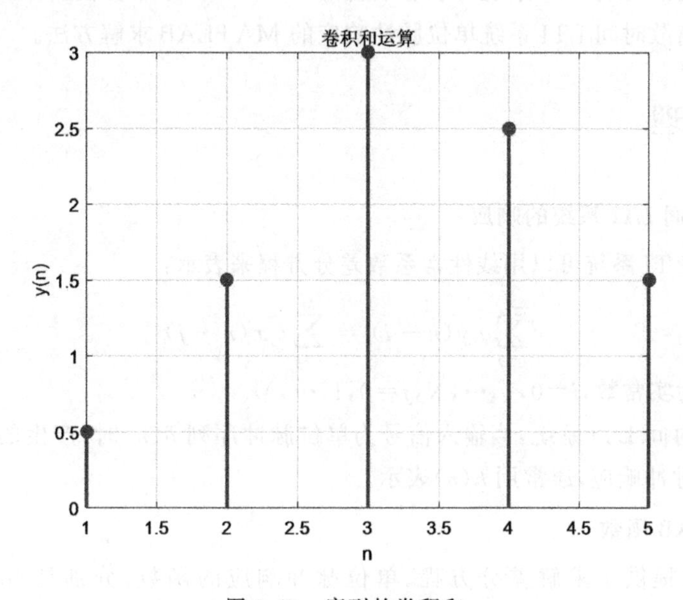

图 9-10　序列的卷积和

四、实验习题

(1) 已知 $x(n)=\delta(n)$,用 MATLAB 表示时移序列 $x(n-3)$。

(2) 已知 $x(n)=u(n)$,用 MATLAB 表示时移序列 $x(n-2)$。

(3) 用 MATLAB 表示 $x_1(n)=\cos\left(\frac{\pi}{6}n\right)$ 和 $x_2(n)=\cos(3n)$,并判断两个序列的周期性。

(4) 已知 $x_1(n)=\{4,3,2,1\}(0\leqslant n\leqslant 3)$,$x_2(n)=\{3,2,1\}(1\leqslant n\leqslant 3)$,用 MATLAB 表示信号卷积和 $x(n)=x_1(n) * x_2(n)$。

实验 10　离散时间 LTI 系统的时域分析

一、实验目的

（1）掌握离散时间 LTI 系统零状态响应的 MATLAB 求解方法。

（2）掌握离散时间 LTI 系统单位脉冲响应的 MATLAB 求解方法。

二、实验原理

1. 离散时间 LTI 系统的响应

离散时间 LTI 系统可以用线性常系数差分方程来表示：

$$\sum_{i=0}^{N} a_i y(n-i) = \sum_{j=0}^{M} b_j x(n-j)$$

其中，a_i 和 b_j 为实常数，$i=0,1,\cdots,N$，$j=0,1,\cdots,M$。

对于离散时间 LTI 系统，当输入信号为单位脉冲序列 $\delta(n)$ 时，产生的零状态响应称为系统的单位脉冲响应，通常用 $h(n)$ 表示。

2. MATLAB 函数

MATLAB 提供了求解差分方程、单位脉冲响应的函数，分别是 filter 函数、impz 函数。

（1）filter 函数

求解差分方程。其调用格式为：y=filter(b,a,x)，其中，x 为输入离散信号，y 为输出离散信号，y 的长度与 x 的长度一样，b、a 分别为差分方程右端与左端的系数向量。

（2）impz 函数

求解单位脉冲响应。其调用格式为：impz(b,a,N)，其中，b、a 分别为差分方程右端与左端的系数向量，参数 N 通常为正整数，代表计算单位脉冲响应的样值个数。

三、实验内容

1. 系统的零状态响应

例 1　已知离散时间 LTI 系统的差分方程为

$$3y(n)-4y(n-1)+2y(n-2)=x(n)+2x(n-1)$$

其中，$x(n)=(1/2)^n u(n)$。用 MATLAB 绘制系统零状态响应的波形图。

MATLAB 程序如下：

```
a=[3,-4,2];
b=[1,2];
n=0:30;
x=(1/2).^n;
y=filter(b,a,x);
stem(n,y,'filled','linewidth',2);
grid on;title('零状态响应');
xlabel('n');ylabel('y(n)');
```

系统的零状态响应如图 10-1 所示。

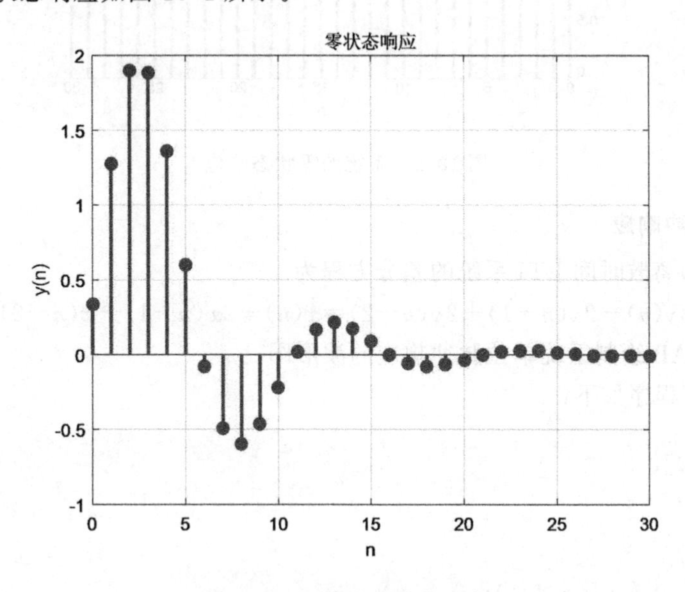

图 10-1　系统的零状态响应

例 2　已知离散时间 LTI 系统的差分方程为

$$y(n)-\frac{3}{4}y(n-1)+\frac{1}{8}y(n-2)=x(n)+\frac{1}{3}x(n-1)$$

其中，$x(n)=u(n)$。用 MATLAB 绘制系统零状态响应的波形图。

MATLAB 程序如下：

```
a=[1,-3/4,1/8];
b=[1,1/3];
n=0:30;
x=1.^n;
y=filter(b,a,x);
stem(n,y,'filled','linewidth',2);
grid on;title('零状态响应');
xlabel('n');ylabel('y(n)');
```

系统的零状态响应如图 10-2 所示。

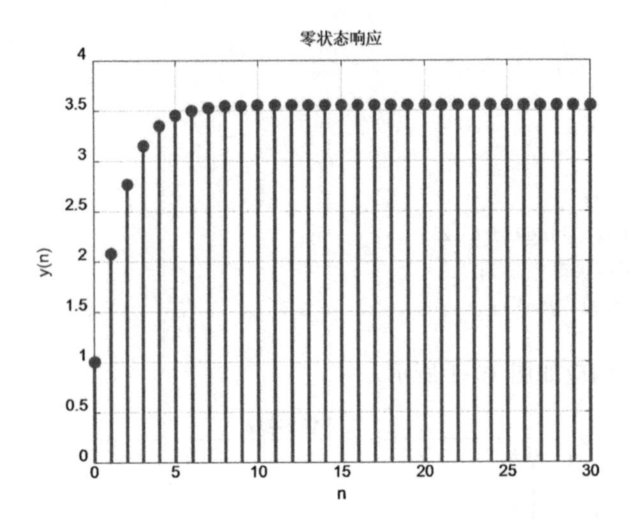

图 10-2 系统的零状态响应

2. 单位脉冲响应

例 3 已知离散时间 LTI 系统的差分方程为

$$3y(n)-2y(n-1)+2y(n-2)=x(n)+2x(n-1)+x(n-2)$$

用 MATLAB 绘制系统单位脉冲响应的波形图。

MATLAB 程序如下：

```
a=[3,-2,2];
b=[1,2,1];
N=30;
impz(b,a,N);
grid on;title('单位脉冲响应');
xlabel('n');ylabel('h(n)');
```

系统的单位脉冲响应如图 10-3 所示。

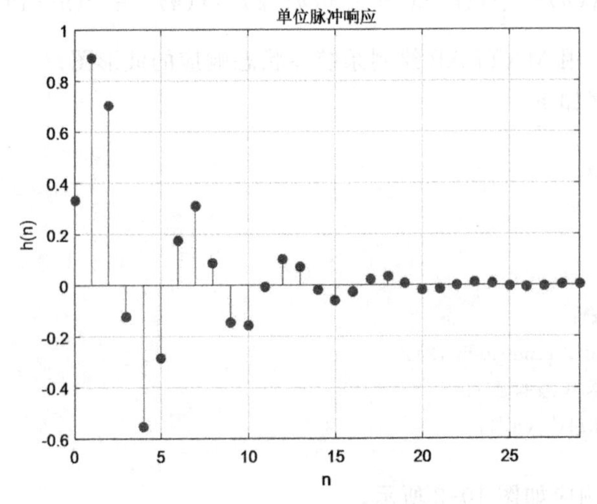

图 10-3 系统的单位脉冲响应

也可以应用 filter 函数，MATLAB 程序如下：

```
a=[3,-2,2];
b=[1,2,1];
n=0:30;
x=(n==0);
h=filter(b,a,x);
stem(n,h,'fill');
grid on;title('单位脉冲响应');
xlabel('n');ylabel('h(n)');
```

系统的单位脉冲响应如图 10-4 所示。

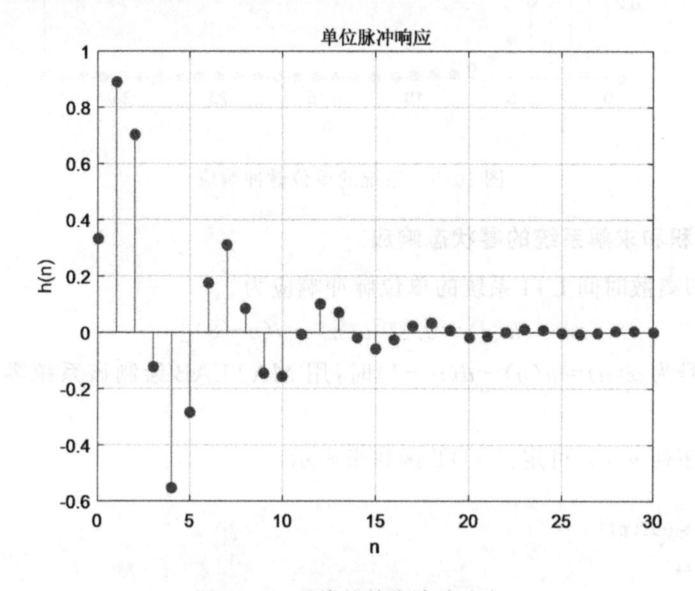

图 10-4　系统的单位脉冲响应

例 4　已知离散时间 LTI 系统的差分方程为

$$y(n)-\frac{3}{4}y(n-1)+\frac{1}{8}y(n-2)=x(n)+\frac{1}{3}x(n-1)$$

用 MATLAB 绘制系统单位脉冲响应的波形图。

MATLAB 程序如下：

```
a=[1,-3/4,1/8];
b=[1,1/3];
N=30;
impz(b,a,N);
grid on;title('单位脉冲响应');
xlabel('n');ylabel('h(n)');
```

系统的单位脉冲响应如图 10-5 所示。

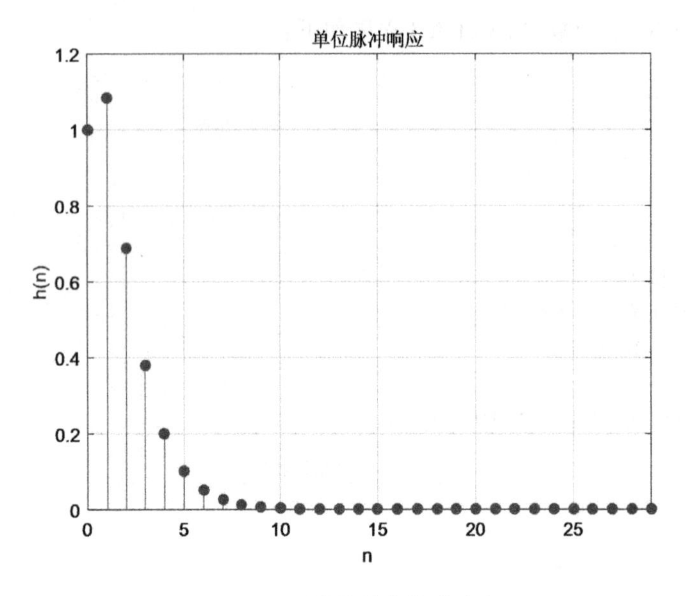

图 10-5　系统的单位脉冲响应

3. 利用卷积和求解系统的零状态响应

例 5　已知离散时间 LTI 系统的单位脉冲响应为

$$h(n)=0.8^n[u(n)-u(n-8)]$$

当激励信号为 $x(n)=u(n)-u(n-4)$时，用 MATLAB 绘制该系统零状态响应的波形图。

单位阶跃序列 $u(n)$，可定义 uDT 函数来表示：

```
function y = uDT(n)
y = (n>= 0);
```

MATLAB 主程序如下：

```
nx = 0:3;
x = uDT(nx) - uDT(nx - 4);
nh = 0:7;
h = 0.8.^nh. * (uDT(nh) - uDT(nh - 8));
y = conv(x,h);
ny1 = nx(1) + nh(1);
ny = ny1 + (0:(length(nx) + length(nh) - 2));
subplot(3,1,1);
stem(nx,x,'filled','linewidth',2);
grid on;title('激励信号');
xlabel('n');ylabel('x(n)');
axis([ - 2,12,0,2]);
subplot(3,1,2);
```

```
stem(nh,h,'filled','linewidth',2);
grid on;title('单位脉冲响应');
xlabel('n');ylabel('h(n)');
axis([-2,12,0,2]);
subplot(3,1,3);
stem(ny,y,'filled','linewidth',2);
grid on;title('零状态响应');
xlabel('n');ylabel('y(n)');
axis([-2,12,0,3]);
```

系统的零状态响应如图 10-6 所示。

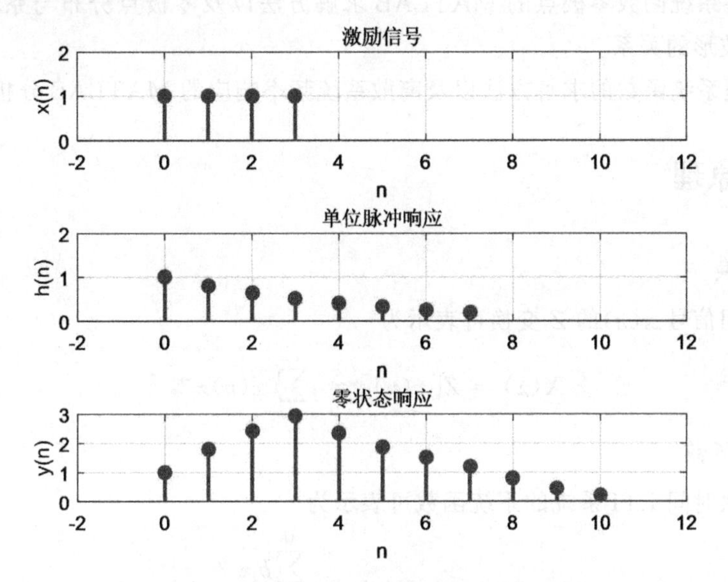

图 10-6 利用卷积和求解系统的零状态响应

四、实验习题

(1) 已知离散时间 LTI 系统的差分方程为

$$3y(n)+4y(n-1)+y(n-2)=x(n)-x(n-1)$$

用 MATLAB 绘制系统单位脉冲响应的波形图。

(2) 已知离散时间 LTI 系统的单位脉冲响应为

$$h(n)=\left(\frac{7}{8}\right)^n[u(n)-u(n-10)]$$

当激励信号为 $x(n)=u(n)-u(n-5)$ 时，用 MATLAB 绘制该系统零状态响应的波形图。

实验 11　离散时间 LTI 系统的 z 域分析

一、实验目的

(1) 掌握离散时间信号的 Z 变换。

(2) 掌握 Z 变换和逆 Z 变换的 MATLAB 求解方法。

(3) 掌握系统函数零极点的 MATLAB 求解方法以及零极点分布与系统稳定性、单位脉冲响应波形的关系。

(4) 掌握系统函数的求解方法以及离散系统频率响应的 MATLAB 分析。

二、实验原理

1. Z 变换

离散时间信号 $x(n)$ 的 Z 变换可表示为

$$X(z)=Z[x(n)]=\sum_{n=-\infty}^{\infty}x(n)z^{-n}$$

2. 系统函数

一个离散时间 LTI 系统的系统函数可表示为

$$H(z)=\frac{Y(z)}{X(z)}=\frac{\sum_{j=0}^{M}b_jz^{-j}}{\sum_{i=0}^{N}a_iz^{-i}}$$

其中，a_i 和 b_j 为实常数，$i=0,1,\cdots,N,j=0,1,\cdots,M$。

系统函数 $H(z)$ 所描述的是离散时间 LTI 系统在 z 域内的特性，当系统结构、输入输出位置及性质确定后，$H(z)$ 是不随激励的变化而变化的，因此其描述的是系统的固有特性。

3. 系统函数的零极点分布与稳定性判断

系统的稳定性由系统函数 $H(z)$ 的极点在 z 平面上的分布决定，当极点分布在 z 域的单位圆内时，系统是稳定的；当极点是分布在单位圆上的单极点时，系统是临界稳定的；当极点分布在单位圆外或在单位圆上有重极点时，系统是不稳定的。

4. 离散系统频率响应分析

若系统函数 $H(z)$ 的极点均在单位圆内，那么它的收敛域包含单位圆，则系统的频率响应存在且为

$$H(e^{j\omega})=H(z)\big|_{z=e^{j\omega}}$$

$H(e^{j\omega})$是ω的复函数,可以表示为

$$H(e^{j\omega})=|H(e^{j\omega})|e^{j\varphi(\omega)}$$

其中,$|H(e^{j\omega})|$随ω变化的规律称为系统的幅频响应;$\varphi(\omega)$随ω变化的规律称为系统的相频响应。

5. *Z*变换和系统零极点的MATLAB函数

MATLAB提供了求*Z*变换和系统零极点的函数:

(1) ztrans函数

求信号的单边*Z*变换。其调用格式为:X=ztrans(x),其中,x为时域信号的符号表达式,返回的X为z域*Z*变换的符号表达式。

(2) iztrans函数

求信号的逆*Z*变换。其调用格式为:x=iztrans (X),其中,X为z域*Z*变换的符号表达式,返回的x为时域信号的符号表达式。

(3) tf2zp函数

求系统函数的零极点。其调用格式为:[Z,P,K]=tf2zp(B,A),其中,B、A分别表示$H(z)$的分子与分母多项式的系数向量。该函数的作用是将$H(z)$的有理分式表达式转换为零极点增益形式,即:

$$H(z)=k\frac{(z-z_1)(z-z_2)\cdots(z-z_m)}{(z-p_1)(z-p_2)\cdots(z-p_n)}$$

(4) zplane函数

绘制系统函数的零极点分布图。其调用格式为:zplane(B,A),其中,B、A分别表示$H(z)$的分子与分母多项式的系数向量。该函数的作用是在z平面上画出单位圆、零点与极点。

(5) freqz函数

分析离散系统的幅频特性和相频特性,其调用格式主要有两种。第一种格式为[H,w]=freqz(B,A,N),其中,B、A分别表示$H(z)$的分子与分母多项式的系数向量,返回量H包含了离散系统频率响应在$[0,\pi]$范围内N个频率等分点的值,w包含了$[0,\pi]$范围内N个频率等分点,调用默认的N时,其值为512。第二种格式为[H,w]=freqz(B,A,N,'whole'),与第一种格式不同在于角频率的范围由$[0,\pi]$扩展到$[0,2\pi]$。

三、实验内容

1. *Z*变换与逆*Z*变换

例1 已知离散系统的激励信号为$x(n)=(-1)^n u(n)$,单位脉冲响应$h(n)=\left[\frac{1}{2}(-1)^n+\frac{2}{3}(2)^n\right]u(n)$,采用$z$域分析法用MATLAB求系统的零状态响应。

MATLAB 程序如下：

```
syms n z;
x=(-1)^n;
X=ztrans(x)
h=1/2*(-1)^n+2/3*2^n;
H=ztrans(h)
Y=X*H
y=iztrans(Y)
```

程序运行结果为

```
X =
    z/(z + 1)
H =
    z/(2*(z + 1)) + (2*z)/(3*(z - 2))
Y =
    (z*(z/(2*(z + 1)) + (2*z)/(3*(z - 2))))/(z + 1)
y =
    (11*(-1)^n)/9 + (4*2^n)/9 + ((-1)^n*(n - 1))/2
```

例 2　已知离散时间信号 $x(n)=[2^{n-1}-(-2)^{n-1}]u(n)$，用 MATLAB 求其对应的 Z 变换。

MATLAB 程序如下：

```
x=sym('2^(n-1)-(-2)^(n-1)');
X=ztrans(x);
X=simplify(X)
```

程序运行结果为

```
X =
    z^2/(z^2 - 4)
```

MATLAB 程序如下：

```
syms n z;
x=2^(n-1)-(-2)^(n-1);
X=ztrans(x)
```

程序运行结果为

```
X =
    z/(2*(z - 2)) + z/(2*(z + 2))
```

2. 系统函数的零极点

例 3 已知离散时间 LTI 系统的系统函数为

$$H(z)=\frac{z+0.32}{z^2+z+0.16}$$

用 MATLAB 求解系统函数的零极点。

MATLAB 程序如下：

```
B = [1,0.32];
A = [1,1,0.16];
[z,p,k] = tf2zp(B,A)
```

程序运行结果为

```
z =
    - 0.3200
p =
    - 0.8000
    - 0.2000
k =
   1
```

从运行结果可知，零点为 $z=-0.32$，极点为 $p_1=-0.8$ 和 $p_2=-0.2$。

3. 系统函数的零极点分布与稳定性的判断

例 4 已知离散时间 LTI 系统的系统函数为

$$H(z)=\frac{z^2-0.36}{z^2-1.52z+0.68}$$

用 MATLAB 绘制其零极点分布图，并判断系统稳定性。

MATLAB 程序如下：

```
B = [1,0, - 0.36];
A = [1, - 1.52,0.68];
[z,p,r] = zplane(B,A);
set([z,p,r],'linewidth',2);grid on;
legend('零点','极点');
title('系统函数的零极点');
```

系统函数的零极点分布如图 11-1 所示。

由图 11-1 可知，系统函数的极点全部在单位圆内，所以，该离散时间 LTI 系统是稳定的。

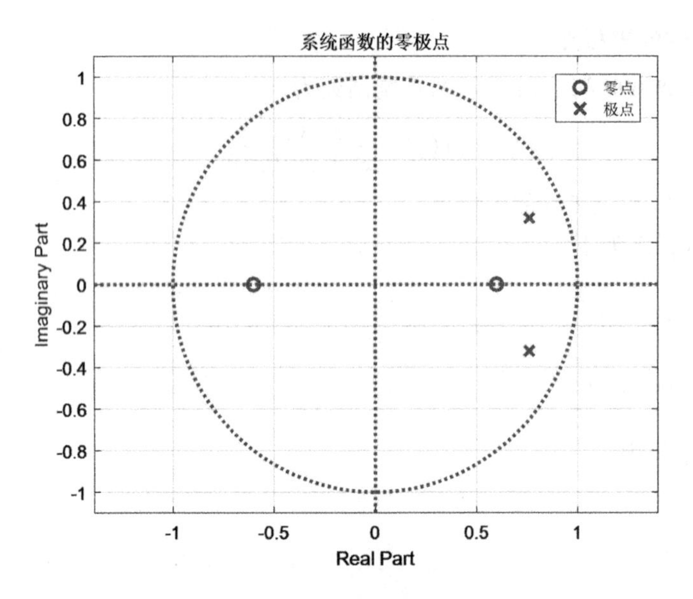

图 11-1　系统函数的零极点

例 5　已知离散时间 LTI 系统的系统函数为

$$H(z)=\frac{z^2+2z+1}{z^3+0.5z^2-0.005z+0.3}$$

用 MATLAB 绘制其零极点分布图、单位脉冲响应的波形图和幅频响应图。

MATLAB 程序如下：

```
b=[1,2,1];
a=[1,0.5,-0.005,0.3];
subplot(3,1,1);
[z,p,r]=zplane(b,a);
set([z,p,r],'linewidth',2);
grid on;title('系统函数的零极点');
legend('零点','极点');
subplot(3,1,2);
impz(b,a,30);
grid on;title('单位脉冲响应');
xlabel('n');ylabel('h(n)');
subplot(3,1,3);
[H,w]=freqz(b,a);
plot(w/pi,abs(H),'linewidth',2);
grid on;title('幅频响应');
xlabel('\omega/\pi');ylabel('|H(j\omega)|');
```

系统函数的零极点分布、单位脉冲响应和幅频响应如图 11-2 所示。

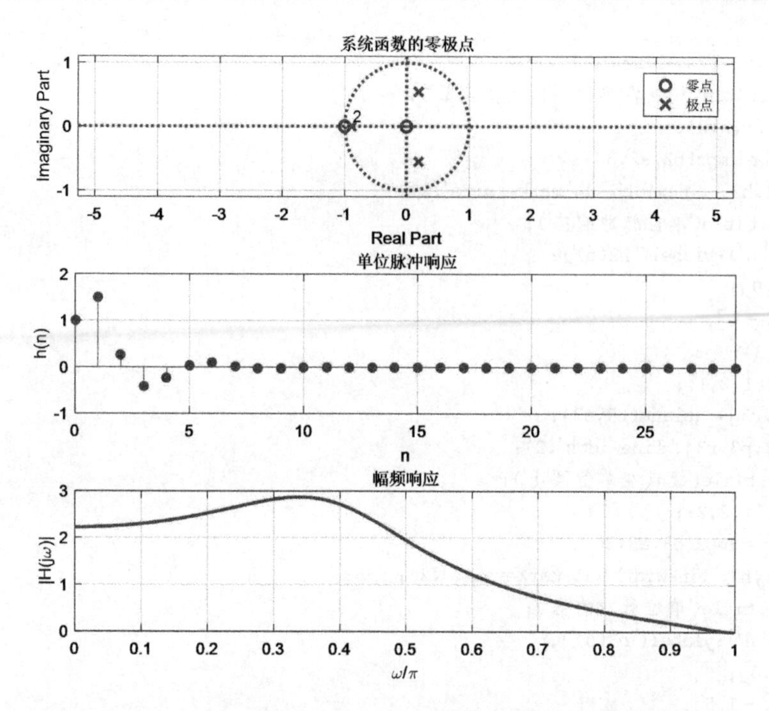

图 11-2 系统函数的零极点分布、单位脉冲响应和幅频响应

例 6 用 MATLAB 绘制下列系统函数的零极点分布图及其单位脉冲响应的波形图,并判断系统的稳定性。

$$H_1(z)=\frac{z}{z-0.6},\quad H_2(z)=\frac{z}{z+0.6},\quad H_3(z)=\frac{z}{z-1},\quad H_4(z)=\frac{z}{z-1.5}$$

MATLAB 程序如下:

```
b1 = [1,0];
a1 = [1, - 0.6];
figure(1);
subplot(1,2,1);
[z1,p1,r1] = zplane(b1,a1);
set([z1,p1,r1],'linewidth',2);
grid on;title('极点在单位圆内的正实数');
subplot(1,2,2);
[h1,t1] = impz(b1,a1,30);
stem(t1,h1,'linewidth',1,'markersize',2);
grid on;title('单位脉冲响应');
xlabel('n');ylabel('h1(n)');
b2 = [1,0];
a2 = [1,0.6];
figure(2);
subplot(1,2,1);
[z2,p2,r2] = zplane(b2,a2);
```

```
set([z2,p2,r2],'linewidth',2);
grid on;title('极点在单位圆内的负实数');
subplot(1,2,2);
[h2,t2] = impz(b2,a2,30);
stem(t2,h2,'linewidth',1,'markersize',2);
grid on;title('单位脉冲响应');
xlabel('n');ylabel('h2(n)');
b3 = [1,0];
a3 = [1, - 1];
figure(3);
subplot(1,2,1);
[z3,p3,r3] = zplane(b3,a3);
set([z3,p3,r3],'linewidth',2);
grid on;title('极点在单位圆上');
subplot(1,2,2);
[h3,t3] = impz(b3,a3,30);
stem(t3,h3,'linewidth',1,'markersize',2);
grid on;title('单位脉冲响应');
xlabel('n');ylabel('h3(n)');
b4 = [1,0];
a4 = [1, - 1.5];
figure(4);
subplot(1,2,1);
[z4,p4,r4] = zplane(b4,a4);
set([z4,p4,r4],'linewidth',2);
grid on;title('极点在单位圆外');
subplot(1,2,2);
[h4,t4] = impz(b4,a4,30);
stem(t4,h4,'linewidth',1,'markersize',2);
grid on;title('单位脉冲响应');
xlabel('n');ylabel('h4(n)');
```

系统函数的零极点分布及其单位脉冲响应波形如图 11-3 所示。

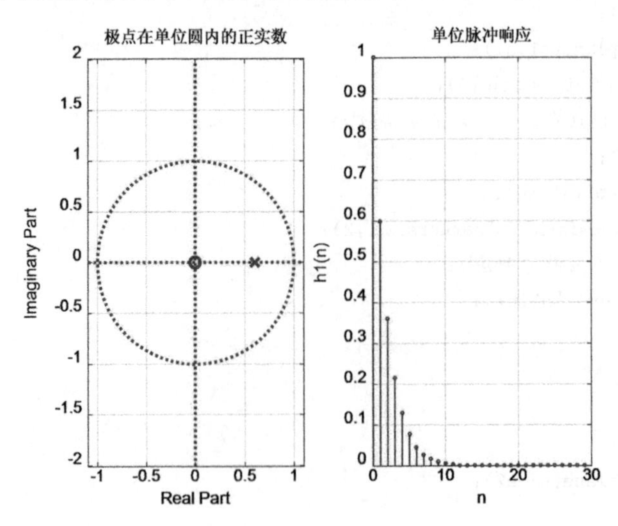

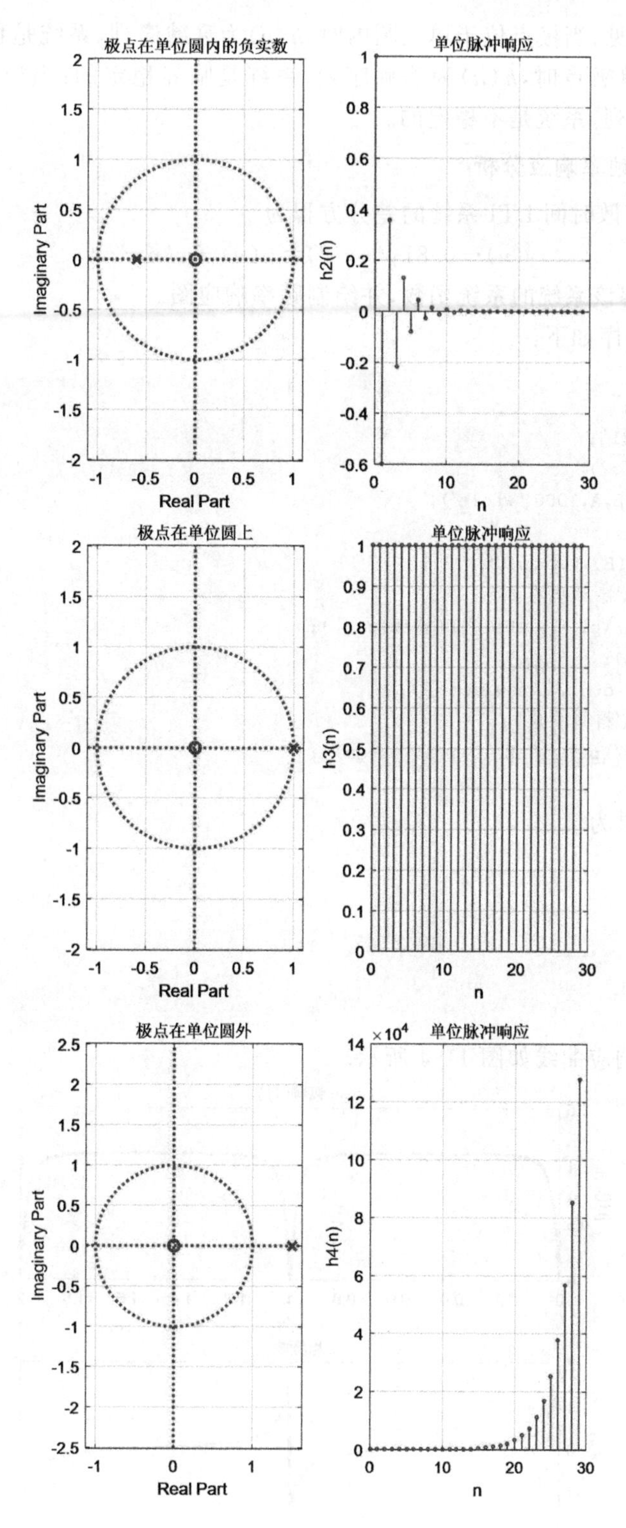

图 11-3 系统函数的零极点分布图及其单位脉冲响应波形图

由图 11-3 可见，当极点位于单位圆内时，$h(n)$为衰减序列，系统是稳定的；当极点位于单位圆上且为单极点时，$h(n)$为等幅序列，系统是临界稳定的；当极点位于单位圆外时，$h(n)$为增幅序列，系统是不稳定的。

4. 离散系统频率响应分析

例 7 已知离散时间 LTI 系统的差分方程为

$$y(n)-0.81y(n-2)=x(n)-x(n-2)$$

用 MATLAB 求解该系统的系统函数，并绘制频率响应图。

MATLAB 程序如下：

```
B=[1,0,-1];
A=[1,0,-0.81];
printsys(B,A,'z')
[H,w]=freqz(B,A,1000,'whole');
subplot(2,1,1);
plot(w/pi,abs(H),'linewidth',2);
grid on;title('幅频响应');
xlabel('\omega/\pi');ylabel('|H(j\omega)|');
subplot(2,1,2);
plot(w/pi,angle(H),'linewidth',2);
grid on;title('相频响应');
xlabel('\omega/\pi');ylabel('\phi(\omega)');
```

程序运行结果为

```
num/den =
    z^2 - 1
    ------------
    z^2 - 0.81
```

系统的频率响应曲线如图 11-4 所示。

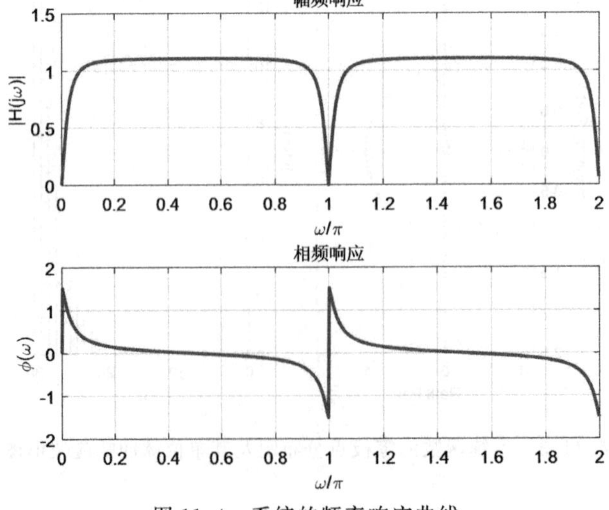

图 11-4 系统的频率响应曲线

四、实验习题

(1) 已知离散时间信号 $x(n)=\left(\frac{1}{2}\right)^n u(n)$,用 MATLAB 求其对应的 Z 变换。

(2) 已知离散时间信号 $x(n)=a^n u(n)$,用 MATLAB 求其对应的 Z 变换。

(3) 已知离散时间 LTI 系统的激励信号为 $x(n)=\left(\frac{1}{2}\right)^n u(n)$,系统的零状态响应为 $y(n)=\left[3\left(\frac{1}{2}\right)^n+2\left(\frac{1}{3}\right)^n\right]u(n)$,采用 z 域分析法用 MATLAB 求系统的单位脉冲响应和系统函数。

(4) 已知离散时间 LTI 系统的系统函数为 $H(z)=\frac{3z^3-5z^2+10z}{z^3-3z^2+7z-5}$,用 MATLAB 绘制系统的零极点分布图及其单位脉冲响应的波形图,并判断系统的稳定性。

实验 12　离散时间傅里叶变换及其性质

一、实验目的

(1) 掌握离散时间傅里叶变换的基本原理。

(2) 掌握离散时间傅里叶变换的 MATLAB 求解方法。

(3) 掌握离散时间信号频谱图的 MATLAB 绘制方法。

(4) 掌握离散时间傅里叶变换时移性质和频移性质的 MATLAB 分析方法。

二、实验原理

1. 离散时间傅里叶变换的定义

一个离散时间序列 $x(n)$,其离散时间傅里叶变换(DTFT)可表示为

$$X(e^{j\omega}) = \sum_{n=-\infty}^{\infty} x(n)e^{-j\omega n} \quad (-\infty \leqslant \omega \leqslant \infty)$$

离散时间傅里叶变换收敛的充分条件是 $x(n)$绝对可和,即:

$$\sum_{n=-\infty}^{\infty} |x(n)| < \infty$$

离散时间序列 $x(n)$的 DTFT $X(e^{j\omega})$是 ω 的连续函数,在频域上是以 2π 为周期的连续谱。

2. 离散时间傅里叶变换的时移性质

若 $x(n) \xleftrightarrow{\text{DTFT}} X(e^{j\omega})$,则 $x(n-n_0) \xleftrightarrow{\text{DTFT}} X(e^{j\omega}) \cdot e^{-j\omega n_0}$。

因为$|e^{-j\omega n_0}|=1$,所以时移后序列的幅度谱保持不变,相位谱改变了$-\omega n_0$,即序列在时域中的位移造成了频域中的相移。

3. 离散时间傅里叶变换的频移性质

若 $x(n) \xleftrightarrow{\text{DTFT}} X(e^{j\omega})$,则 $x(n) \cdot e^{j\omega_0 n} \xleftrightarrow{\text{DTFT}} X(e^{j(\omega-\omega_0)})$。

序列 $x(n)$乘以 $e^{j\omega_0 n}$对应的频谱是原始序列频谱移位 ω_0。

三、实验内容

1. 离散时间傅里叶变换 DTFT

例 1　求有限长矩形脉冲序列 $x(n)=R_5(n)$的 DTFT,用 MATLAB 绘制其幅度谱和相位谱。

MATLAB 程序如下：

```
n = [0:4];
x = [1,1,1,1,1];
subplot(3,1,1);
stem(n,x,'filled','linewidth',2);
grid on;title('离散时间信号');
xlabel('n');ylabel('x(n)');
w = linspace( - 3 * pi,3 * pi,512);
X = x * exp( - j * n' * w);
subplot(3,1,2);
plot(w,abs(X),'linewidth',2);
grid on;title('幅度谱');
xlabel('\omega');ylabel('|X(e^{j\omega})|');
axis([ - 3 * pi,3 * pi,0,5]);
subplot(3,1,3);
plot(w,angle(X),'linewidth',2);
grid on;title('相位谱');
xlabel('\omega');ylabel('\phi(\omega)');
axis([ - 3 * pi,3 * pi, - 5,5]);
```

矩形脉冲序列及其幅度谱和相位谱如图 12-1 所示。

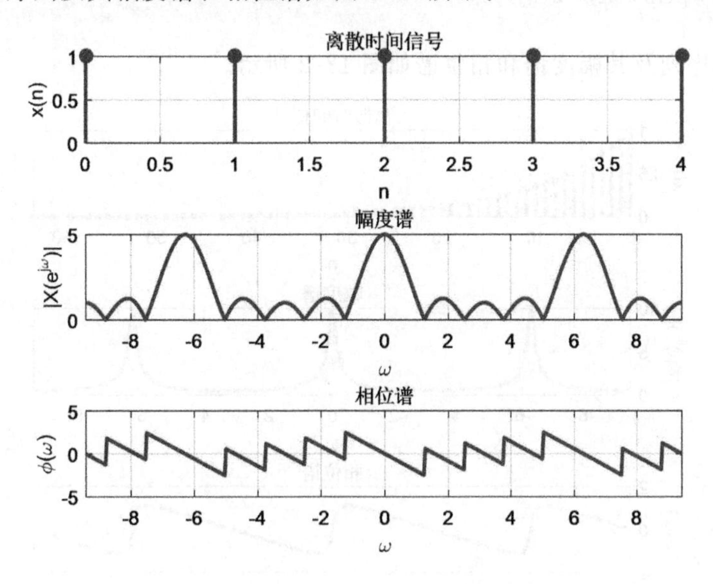

图 12-1　矩形脉冲序列及其幅度谱和相位谱

例 2　求单边指数序列 $x(n)=a^n u(n)$ 的 DTFT，并用 MATLAB 绘制其幅度谱和相位谱，其中 $a=0.9$。

MATLAB 程序如下：

```
a = 0.9;
n = 0:63;
x = a.^n;
subplot(3,1,1);
stem(n,x,'filled','linewidth',2,'makersize',2);
grid on;title('离散时间信号');
xlabel('n');ylabel('x(n)');
axis([0,63,0,1]);
w = linspace( - 3 * pi,3 * pi,512);
X = x * exp( - j * n' * w);
subplot(3,1,2);
plot(w,abs(X),'linewidth',2);
grid on;title('幅度谱');
xlabel('\omega');ylabel('|X(e^{j\omega})|');
axis([ - 3 * pi,3 * pi,0,10]);
subplot(3,1,3);
plot(w,angle(X),'linewidth',2);
grid on;title('相位谱');
xlabel('\omega');ylabel('\phi(\omega)');
axis([ - 3 * pi,3 * pi, - 2,2]);
```

单边指数序列及其幅度谱和相位谱如图 12-2 所示。

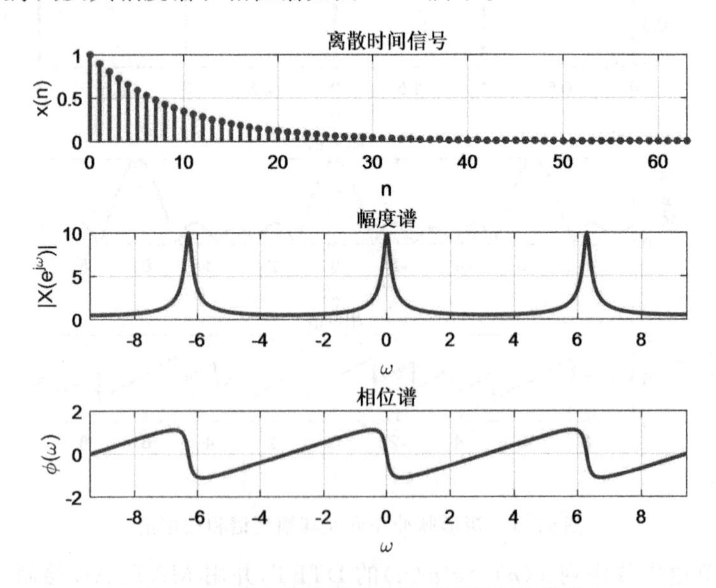

图 12-2　单边指数序列及其幅度谱和相位谱

2. 离散时间傅里叶变换的时移性质

例 3　已知有限长序列 $x(n)=\{2,1,-1,8,6\}$，将其右移 5 位，用 MATLAB 绘制该

序列和时移序列的波形图及其幅度谱和相位谱，观察其幅度谱和相位谱的变化，验证时移性质。

MATLAB 程序如下：

```
x1 = [2,1, - 1,8,6];
n1 = 0:length(x1) - 1;
n0 = 5;
x2 = [zeros(1,n0),x1];
n2 = 0:length(x2) - 1;
subplot(3,2,1);
stem(n1,x1,'filled','linewidth',2);
grid on;title('原始序列');
xlabel('n');ylabel('x1(n)');
subplot(3,2,2);
stem(n2,x2,'filled','linewidth',2);
grid on;title('时移序列');
xlabel('n');ylabel('x2(n)');
w =- pi:2 * pi/511:pi;
X1 = abs(freqz(x1,1,w));
P1 = angle(freqz(x1,1,w));
X2 = abs(freqz(x2,1,w));
P2 = angle(freqz(x2,1,w));
subplot(3,2,3);
plot(w/pi,X1,'linewidth',2);
grid on;title('原始序列的幅度谱');
xlabel('\omega');ylabel('|X1(e^{j\omega})|');
subplot(3,2,4);
plot(w/pi,X2,'linewidth',2);
grid on;title('时移序列的幅度谱');
xlabel('\omega');ylabel('|X2(e^{j\omega})|');
subplot(3,2,5);
plot(w/pi,P1,'linewidth',2);
grid on;title('原始序列的相位谱');
xlabel('\omega');ylabel('\phi1(\omega)');
subplot(3,2,6);
plot(w/pi,P2,'linewidth',2);
grid on;title('时移序列的相位谱');
xlabel('\omega');ylabel('\phi2(\omega)');
```

原始序列和时移序列的波形图及其幅度谱和相位谱如图 12-3 所示。由图 12-3 可知，时移后序列的幅度谱保持不变，而相位谱发生变化。

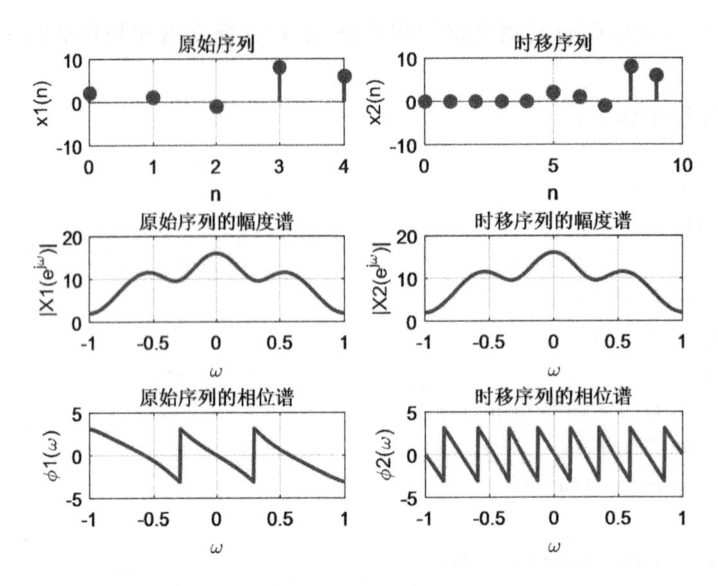

图 12-3 原始序列和时移序列的波形图及其幅度谱和相位谱

3. 离散时间傅里叶变换的频移性质

例 4 已知有限长序列 $x(n)=\{2,1,-1,8,6\}$，将其频谱向右移动 0.2π，用 MATLAB 绘制该序列和频移序列的幅度谱和相位谱，观察幅度谱和相位谱的变化，验证频移性质。

MATLAB 程序如下：

```
x1 = [2,1,-1,8,6];
w = -pi:2*pi/511:pi;
X1 = abs(freqz(x1,1,w));
P1 = angle(freqz(x1,1,w));
w0 = 0.2*pi;
L = length(x1);
n = 0:L-1;
x2 = x1.*exp(i*n*w0);
X2 = abs(freqz(x2,1,w));
P2 = angle(freqz(x2,1,w));
subplot(2,2,1);
plot(w/pi,X1,'linewidth',2);
grid on;title('原始序列的幅度谱');
xlabel('\omega');ylabel('|X1(e^{j\omega})|');
subplot(2,2,2);
plot(w/pi,X2,'linewidth',2);
grid on;title('频移序列的幅度谱');
xlabel('\omega');ylabel('|X2(e^{j\omega})|');
subplot(2,2,3);
plot(w/pi,P1,'linewidth',2);
```

```
grid on;title('原始序列的相位谱');
xlabel('\omega');ylabel('\phi1(\omega)');
subplot(2,2,4);
plot(w/pi,P2,'linewidth',2);
grid on;title('频移序列的相位谱');
xlabel('\omega');ylabel('\phi2(\omega)');
```

原始序列和频移序列的幅度谱和相位谱如图 12-4 所示。

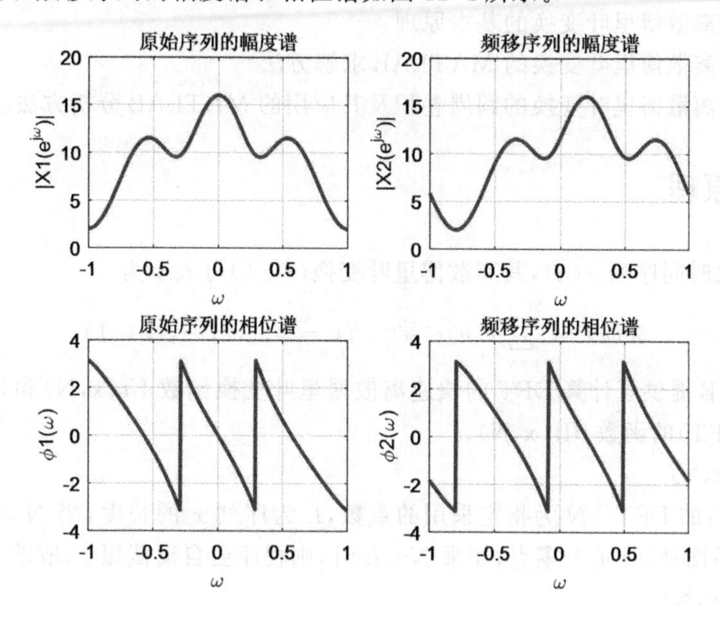

图 12-4 原始序列和频移序列的幅度谱和相位谱

四、实验习题

(1) 已知有限长序列 $x(n)=\{1,2,3,4,5,6,7,8,9\}$，将其右移 10 位，用 MATLAB 绘制该序列和时移序列的波形图及其幅度谱和相位谱，观察其幅度谱和相位谱的变化，验证时移性质。

(2) 已知有限长序列 $x(n)=\{1,2,3,4,5,6,7,8,9\}$，将其频谱向右移动 0.4π，用 MATLAB 绘制该序列和频移序列的幅度谱和相位谱，观察幅度谱和相位谱的变化，验证频移性质。

实验 13　离散傅里叶变换

一、实验目的

(1) 掌握离散傅里叶变换的基本原理。

(2) 掌握离散傅里叶变换的 MATLAB 求解方法。

(3) 掌握离散傅里叶变换的圆周卷积及其应用的 MATLAB 分析方法。

二、实验原理

一个离散时间序列 $x(n)$,其离散傅里叶变换(DFT)可表示为

$$X(k)=\sum_{n=0}^{N-1}x(n)\mathrm{e}^{-\mathrm{j}\frac{2\pi}{N}kn}\quad(k=0,1,2,\cdots,N-1)$$

MATLAB 提供了计算 DFT 的快速离散傅里叶变换函数 fft(x,N)和计算离散傅里叶逆变换(IDFT)的函数 ifft(x,N)。

(1) fft(x,N)

计算 N 点的 DFT。N 为指定采用的点数,L 为序列 x 的长度,当 $N>L$ 时,则程序会自动给 x 后面补$N-L$个零点;如果 $N<L$ 时,则程序会自动截短 x,取前 N 个数据。

(2) ifft(x,N)

计算 N 点的 IDFT。N 为指定采用的点数,L 为序列 x 的长度,当 $N>L$ 时,则程序会自动给 x 后面补 $N-L$ 个零点;如果 $N<L$ 时,则程序会自动截短 x,取前 N 个数据。

三、实验内容

1. 离散时间周期序列 DFT 的频谱分析

例 1　已知离散时间周期序列 $x(n)=\sin(3\pi n/11)$,计算其 32 点和 64 点的 DFT 的幅度谱。

MATLAB 程序如下:

```
n1 = [0:1:31];
x1 = sin(3 * pi * n1/11);
Xk1 = abs(fft(x1));
n2 = [0:1:63];
x2 = sin(3 * pi * n2/11);
Xk2 = abs(fft(x2));
subplot(2,2,1);
```

```
stem(n1,x1,'filled','linewidth',1,'makersize',2);
grid on;title('32 点序列');
xlabel('n');ylabel('x1(n)');
axis([0,31,-1,1]);
subplot(2,2,2);
k1 = n1;
stem(k1,Xk1,'filled','linewidth',1,'makersize',2);
grid on;title('32 点 DFT 的幅度谱');
xlabel('k');ylabel('|X1(k)|');
axis([0,31,0,14]);
subplot(2,2,3);
stem(n2,x2,'filled','linewidth',1,'makersize',2);
grid on;title('64 点序列');
xlabel('n');ylabel('x2(n)');
axis([0,63,-1,1]);
subplot(2,2,4);
k2 = n2;
stem(k2,Xk2,'filled','linewidth',1,'makersize',2);
grid on;title('64 点 DFT 的幅度谱');
xlabel('k');ylabel('|X2(k)|');
axis([0,63,0,30]);
```

离散时间周期序列 DFT 的幅度谱如图 13-1 所示。

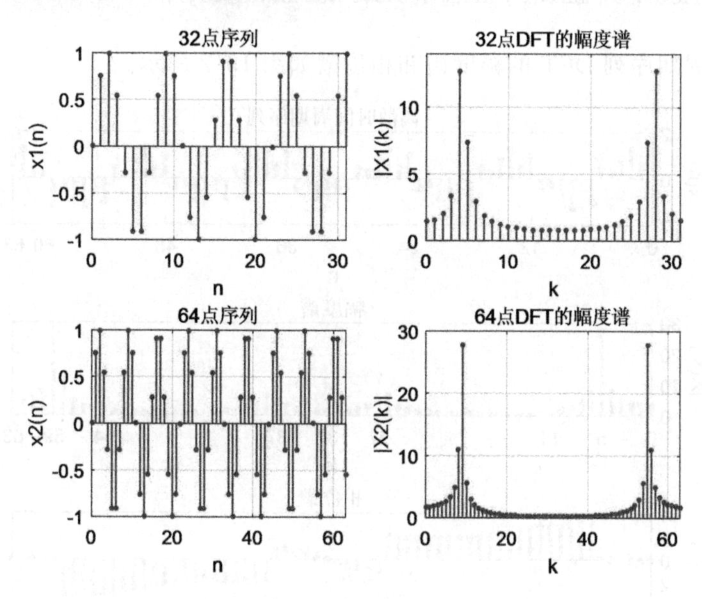

图 13-1　离散时间周期序列 DFT 的幅度谱

例 2　已知离散时间周期序列 $x(n)=\sin\left(\frac{\pi}{6}n+\frac{\pi}{6}\right)+0.5\cos\left(\frac{7\pi}{6}n\right)$，计算其 64 点的 DFT 的幅度谱和相位谱。

MATLAB 程序如下：

```
N = 64;
n = 0:N - 1;
x = sin(pi * n/6 + pi/6) + 0.5 * cos(7 * pi * n/6);
subplot(3,1,1);
stem(n,x,'filled','linewidth',2,'makersize',2);
grid on;title('离散时间周期序列');
xlabel('n');ylabel('x(n)');
axis([0,63, - 2,2]);
set(gca,'XTickMode','manual','XTick',[0,12,24,36,48,60,63]);
subplot(3,1,2);
k = n;
Xk = fft(x,N);
stem(k,abs(Xk),'filled','linewidth',2,'makersize',2);
grid on;title('幅度谱');
xlabel('k');ylabel('|X(k)|');
axis([0,63,0,30]);
set(gca,'XTickMode','manual','XTick',[0,5,10,27,32,37,54,59,63]);
subplot(3,1,3);
stem(k,angle(Xk),'filled','linewidth',2,'makersize',2);
grid on;title('相位谱');
xlabel('k');ylabel('\phi(k)');
axis([0,63, - 4,4]);
set(gca,'XTickMode','manual','XTick',[0,5,27,32,37,59,63]);
```

离散时间周期序列 DFT 的幅度谱和相位谱如图 13-2 所示。

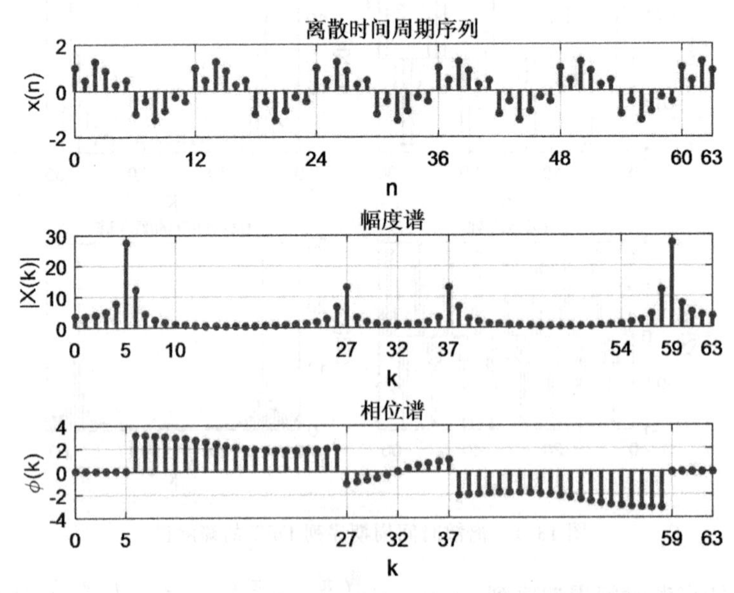

图 13-2 离散时间周期序列 DFT 的幅度谱和相位谱

2. 离散时间非周期序列 DFT 的频谱分析

例 3　已知离散时间非周期序列 $x(n)=0.7^n u(n)$，计算其 DFT 的幅度谱和相位谱。

经过分析，可以得知信号为无限长，因此需要对其进行截短。该序列单调递减，当 $n \geqslant 32$ 时，序列已几乎衰减为 0，因此只截取序列在[0,31]上的数值进行分析。

MATLAB 程序如下：

```
N = 32;
n = 0:N - 1;
x = 0.7.^n;
subplot(3,1,1);
stem(n,x,'filled','linewidth',2);
grid on;title('离散时间非周期序列');
xlabel('n');ylabel('x(n)');
axis([0,31,0,1]);
subplot(3,1,2);
k = n;
Xk = fft(x,N);
stem(k,abs(Xk),'filled','linewidth',2);
grid on;title('幅度谱');
xlabel('k');ylabel('|X(k)|');
axis([0,31,0,4]);
subplot(3,1,3);
stem(k,angle(Xk),'filled','linewidth',2);
grid on;title('相位谱');
xlabel('k');ylabel('\phi(k)');
axis([0,31,-1,1]);
```

离散时间非周期序列 DFT 的幅度谱和相位谱如图 13-3 所示。

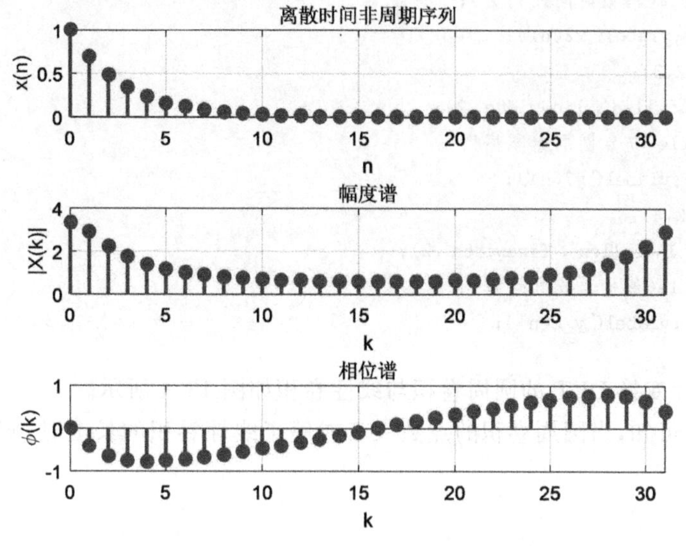

图 13-3　离散时间非周期序列 DFT 的幅度谱和相位谱

3. 离散傅里叶变换的圆周卷积

例 4 已知离散时间序列 $x_1(n)=\{1,1,1\}$，$x_2(n)=\{1,2,3,4,5\}$，用 MATLAB 绘制 $x_1(n)$和 $x_2(n)$的 7 点圆周卷积序列 $y_7(n)=x_1(n)\otimes x_2(n)$的波形图，并与线性卷积序列 $y_1(n)=x_1(n)*x_2(n)$进行比较，得出结论。

MATLAB 程序如下：

```
N = 7;
n1 = 0:2;
x1 = [1,1,1];
x1_7 = [x1,zeros(1,N - length(x1))];
n2 = 0:4;
x2 = [1,2,3,4,5];
x2_7 = [x2,zeros(1,N - length(x2))];
n = [0:N - 1];
x2m = x2_7(mod( - n,N) + 1);
X2_7 = toeplitz(x2m,[0,x2_7(2:N)]);
y7 = x1_7 * X2_7;
k1 = n1(1) + n2(1);
k2 = n1(length(x1)) + n2(length(x2));
n_L = [k1:k2];
y_L = conv(x1,x2);
subplot(2,2,1);
stem(n,x1_7,'filled','linewidth',2);
grid on;title('离散时间序列 1');
xlabel('n');ylabel('x1(n)');
subplot(2,2,2);
stem(n,x2_7,'filled','linewidth',2);
grid on;title('离散时间序列 2');
xlabel('n');ylabel('x2(n)');
subplot(2,2,3);
stem(n,y7,'filled','linewidth',2);
grid on;title('7 点圆周卷积序列');
xlabel('n');ylabel('y7(n)');
subplot(2,2,4);
stem(n_L,y_L,'filled','linewidth',2);
grid on;title('线性卷积和运算');
xlabel('n');ylabel('y_L(n)');
```

离散傅里叶变换 DFT 的圆周卷积与线性卷积如图 13-4 所示。

由图 13-4 可知，当圆周卷积的点数大于或等于线性卷积的长度时，圆周卷积与线性卷积相等。

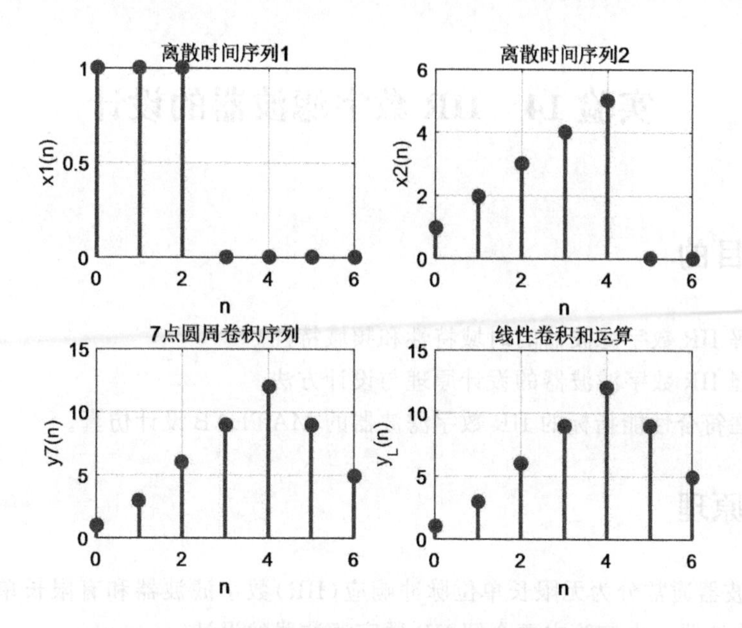

图 13-4 离散傅里叶变换 DFT 的圆周卷积与线性卷积

四、实验习题

(1) 已知离散时间周期序列 $x(n)=\sin(3\pi n/4)$，计算其 32 点和 64 点 DFT 的幅度谱。

(2) 已知离散时间非周期序列 $x(n)=0.5^n u(n)$，计算其 DFT 的幅度谱和相位谱。

(3) 已知离散时间序列 $x(n)=\{1,2,3,4,5,6,7,8,9\}$，$h(n)=\{1,2,-3,-1,0,2,-2\}$。用 MATLAB 绘制 $x(n)$ 和 $h(n)$ 的 15 点和 16 点的圆周卷积序列的波形图，并与线性卷积序列 $y_1(n)=x(n)*h(n)$ 进行比较，得出结论。

实验14　IIR数字滤波器的设计

一、实验目的

(1) 理解IIR数字滤波器的时域特性和频域特性。

(2) 掌握IIR数字滤波器的设计原理与设计方法。

(3) 掌握符合性能指标的IIR数字滤波器的MATLAB设计仿真。

二、实验原理

数字滤波器通常分为无限长单位脉冲响应(IIR)数字滤波器和有限长单位脉冲响应(FIR)数字滤波器。本实验主要介绍IIR数字滤波器的设计。

N阶IIR数字滤波器的传递函数可以表达为z^{-1}的有理多项式形式,即:

$$H(z)=\frac{\sum_{j=0}^{M}b_jz^{-j}}{1+\sum_{i=1}^{N}a_iz^{-i}}=\frac{b_0+b_1z^{-1}+b_2z^{-2}+\cdots+b_Mz^{-M}}{1+a_1z^{-1}+a_2z^{-2}+\cdots+a_Nz^{-N}}$$

其中,系数a_i至少有一个非零。对于因果IIR数字滤波器,应满足$M\leqslant N$。

IIR数字滤波器的设计主要通过成熟的模拟滤波器设计方法来实现。

在设计IIR数字滤波器时,通常将数字滤波器的设计指标转换为原型模拟滤波器的设计指标,从而确定满足这些指标的模拟滤波器的系统函数$H(s)$,经过脉冲响应不变法或双线性变换法得到所需要的IIR数字滤波器的系统函数$H(z)$。

1. 脉冲响应不变法

设模拟滤波器$H(s)$用部分分式展开法表示为

$$H(s)=\sum_{i=1}^{N}\frac{A_i}{s-s_i}$$

其中,s_i为$H(s)$的单阶极点,A_i为部分分式展开法的系数。

根据脉冲响应不变法,得到的数字滤波器的系统函数为

$$H(z)=\sum_{i=1}^{N}\frac{A_i}{1-e^{s_iT}z^{-1}}$$

其中,T为采样间隔。

2. 双线性变换法

通过双线性变换法可得s平面到z平面的映射关系为

$$s=\frac{2}{T}\frac{1-z^{-1}}{1+z^{-1}}$$

根据双线性变换法，得到数字滤波器的系统函数为

$$H(z)=H(s)\Big|_{s=\frac{2}{T}\frac{1-z^{-1}}{1+z^{-1}}}$$

模拟角频率和数字角频率之间的关系为

$$\Omega=\frac{2}{T}\tan\frac{\omega}{2}$$

MATLAB 信号处理工具箱中提供了 IIR 滤波器设计的函数。下面以 Butterworth 数字滤波器设计为例来介绍这些常用函数。

1. buttord 函数

其调用格式为：[N,Wc]=buttord(Wp,Ws,Ap,As,'s')。其中，A_p、A_s 分别为通带最大衰减和阻带最小衰减，单位是 dB；W_p 和 W_s 分别为通带截止频率和阻带截止频率；'s'说明所设计的是模拟滤波器；N 为滤波器的阶数；W_c 为模拟滤波器的 3 dB 截止频率。

2. butter 函数

其调用格式为：[B,A]=butter(N,Wc,'ftype','s')。其中，N 为滤波器的阶数；W_c 为模拟滤波器的 3 dB 截止频率；'ftype'是滤波器类型，若'ftype'不写，则默认为低通滤波器，'ftype'=high 时是高通滤波器，'ftype'=stop 时是带阻滤波器；'s'说明所设计的是模拟滤波器；B、A 分别是模拟滤波器系统函数 $H(s)$的分子、分母多项式的系数。

3. freqs 函数

其调用格式为：[H,Omega]=freqs(B,A)。其中，B、A 分别是模拟滤波器系统函数 $H(s)$的分子、分母多项式的系数；H 是模拟滤波器的频率响应；Omega 是模拟滤波器的角频率。

4. freqz 函数

其调用格式为：[H,w]=freqz(b,a,N)。其中，b、a 分别是数字滤波器系统函数 $H(z)$的分子、分母多项式的系数；N 的默认值为 512；H 是数字滤波器的频率响应；w 是数字滤波器的 N 个频率等分点的值。

5. impinvar 函数

脉冲响应不变法设计数字滤波器。其调用格式为：[b,a]=impinvar(B,A,fs)。其中，B、A 分别是模拟滤波器系统函数 $H(s)$的分子、分母多项式的系数；b、a 分别是数字滤波器系统函数 $H(z)$的分子、分母多项式的系数；f_s 是采样频率。

6. bilinear 函数

双线性变换法设计数字滤波器。其调用格式为：[b,a]=bilinear (B,A,fs)。其中，B、A 分别是模拟滤波器系统函数 $H(s)$的分子、分母多项式的系数；f_s 为采样频率；b、a 分别是数字滤波器系统函数 $H(z)$的分子、分母多项式的系数。

7. filter 函数

对输入信号进行滤波。其调用格式为：y=filter(b,a,x)。其中，b、a 分别是数字滤波器系统函数 $H(z)$的分子、分母多项式的系数；x 是输入信号 $x(n)$；y 是输出信号 $y(n)$。

三、实验内容

1. 设计模拟低通滤波器

例 1 设计一个巴特沃斯模拟低通滤波器，通带截止频率 $f_p=1$ kHz，阻带截止频率 $f_s=5$ kHz，通带最大衰减 $A_p=1$ dB，阻带最小衰减 $A_s=40$ dB。

MATLAB 程序如下：

```
fp = 1000;
fs = 5000;
Wp = 2 * pi * fp;
Ws = 2 * pi * fs;
Ap = 1;
As = 40;
[N,Wc] = buttord(Wp,Ws,Ap,As,'s')
[B,A] = butter(N,Wc,'s');
[Hs,Omega] = freqs(B,A);
subplot(2,1,1);
plot(Omega/(2 * pi),20 * log10(abs(Hs + eps)),'linewidth',2);
grid on;title('巴特沃斯模拟低通滤波器幅频特性');
xlabel('f');ylabel('Magnitude');
axis([0,6000,-60,10]);
subplot(2,1,2);
plot(Omega/(2 * pi),angle(Hs) * 180/pi,'linewidth',2);
grid on;title('巴特沃斯模拟低通滤波器相频特性');
xlabel('f');ylabel('Phase');
axis([0,6000,-200,200]);
```

巴特沃斯模拟低通滤波器的幅频特性和相频特性如图 14-1 所示。

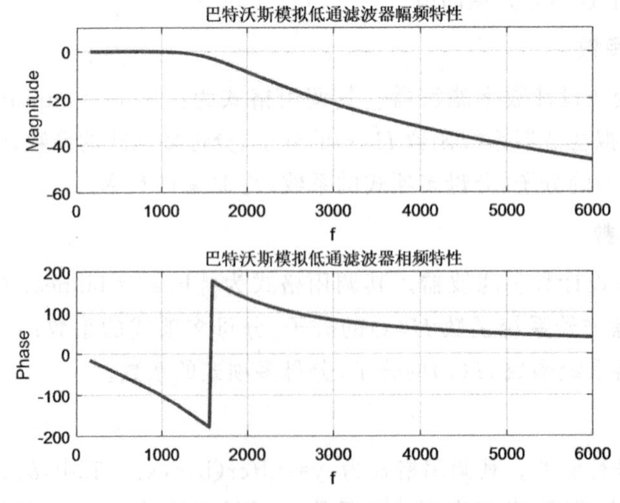

图 14-1　巴特沃斯模拟低通滤波器的幅频特性和相频特性

2. 脉冲响应不变法设计数字低通滤波器

例 2 假设一个二阶巴特沃斯模拟低通滤波器的系统函数为

$$H(s)=\frac{1}{s^2+1.414s+1}$$

抽样间隔为 $T=0.05$ s，用脉冲响应不变法设计数字低通滤波器的系统函数 $H(z)$，用 MATLAB 绘制模拟滤波器和数字滤波器的幅频特性曲线。

MATLAB 程序如下：

```
B=[1];
A=[1,1.414,1];
T=0.05;
N=512;
fs=1/T;
[b,a]=impinvar(B,A,fs);
[Hs,Omega]=freqs(B,A);
[Hz,w]=freqz(b,a,N);
subplot(2,1,1);
plot(Omega,20*log(abs(Hs)),'linewidth',2);
grid on;title('模拟滤波器幅频特性');
xlabel('\Omega');ylabel('Magnitude');
subplot(2,1,2);
plot(w,20*log(abs(Hz)),'linewidth',2);
grid on;title('数字滤波器幅频特性');
xlabel('\omega');ylabel('Magnitude');
```

模拟滤波器和数字滤波器的幅频特性如图 14-2 所示。

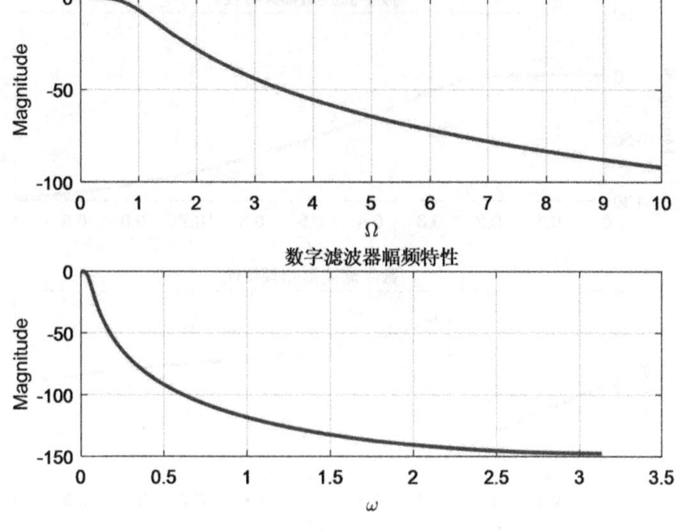

图 14-2 模拟滤波器和数字滤波器的幅频特性

例 3 利用脉冲响应不变法，设计一个巴特沃斯数字低通滤波器，其中，滤波器的设计指标如下：$\omega_p=0.2\pi$，$A_p=1$ dB，$\omega_s=0.35\pi$，$A_s=10$ dB，滤波器的抽样间隔为 0.05 s。用 MATLAB 绘制数字低通滤波器的幅频特性和相频特性曲线。

MATLAB 程序如下：

```
wp = 0.2 * pi;
ws = 0.35 * pi;
T = 0.05;
Wp = wp/T;
Ws = ws/T;
Ap = 1;
As = 10;
N1 = 1024;
[N,Wc] = buttord(Wp,Ws,Ap,As,'s');
[B,A] = butter(N,Wc,'s');
[b,a] = impinvar(B,A,1/T);
[Hz,w] = freqz(b,a,N1);
subplot(2,1,1);
plot(w/pi,20 * log(abs(Hz)),'linewidth',2);
grid on;title('数字滤波器幅频特性');
xlabel('\omega/\pi');ylabel('Magnitude');
subplot(2,1,2);
plot(w/pi,angle(Hz),'linewidth',2);
grid on;title('数字滤波器相频特性');
xlabel('\omega/\pi');ylabel('Phase');
```

巴特沃斯数字滤波器的幅频特性和相频特性如图 14-3 所示。

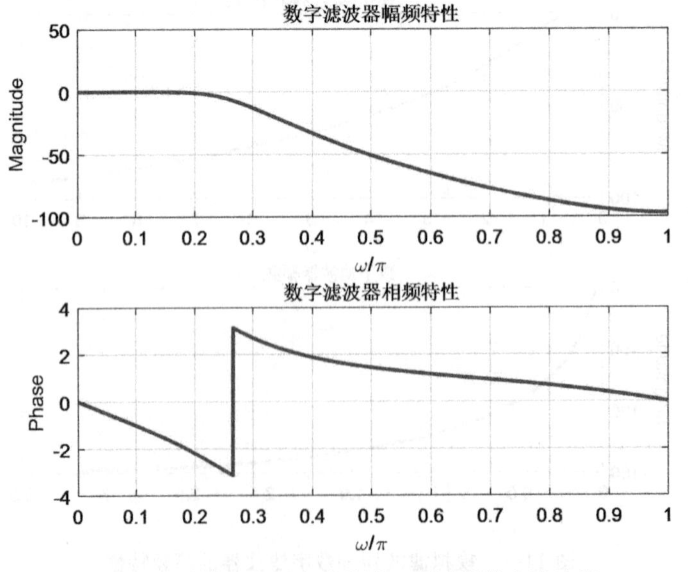

图 14-3 脉冲响应不变法设计巴特沃斯数字滤波器

3. 双线性变换法设计数字低通滤波器

例 4 利用双线性变换法，设计一个巴特沃斯数字低通滤波器，其中，滤波器的设计指标如下：$\omega_p=0.2\pi, A_p=1\ \text{dB}, \omega_s=0.35\pi, A_s=10\ \text{dB}$。

MATLAB 程序如下：

```
wp = 0.2 * pi;
ws = 0.35 * pi;
Ap = 1;
As = 10;
T = 0.05;
Wp = (2/T) * tan(wp/2);
Ws = (2/T) * tan(ws/2);
N1 = 1024;
[N,Wc] = buttord(Wp,Ws,Ap,As,'s');
[B,A] = butter(N,Wc,'s');
[b,a] = bilinear(B,A,1/T);
[Hz,w] = freqz(b,a,N1);
subplot(2,1,1);
plot(w/pi,20 * log(abs(Hz)),'linewidth',2);
axis([0,0.5,-50,0]);
grid on;title('数字滤波器幅频特性');
xlabel('\omega/\pi');ylabel('Magnitude');
subplot(2,1,2);
plot(w/pi,angle(Hz),'linewidth',2);
grid on;title('数字滤波器相频特性');
xlabel('\omega/\pi');ylabel('Phase');
```

巴特沃斯数字滤波器的幅频特性和相频特性如图 14-4 所示。

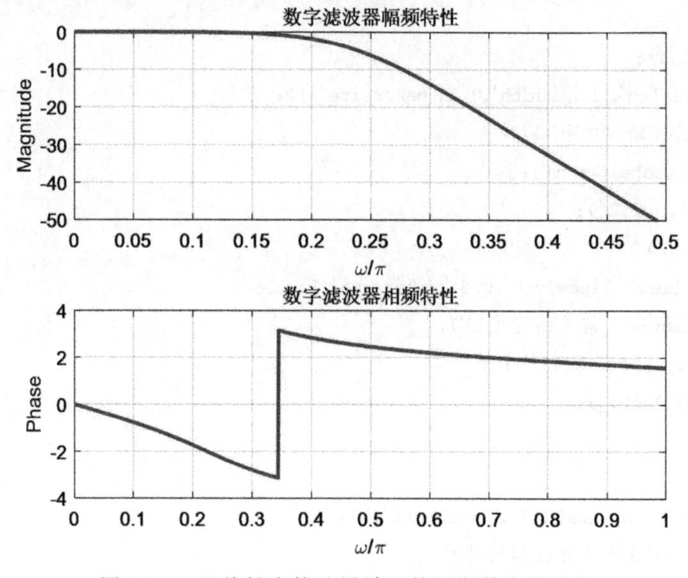

图 14-4 双线性变换法设计巴特沃斯数字滤波器

例 5 假设信号 $x(n)=\sin\left(\frac{2\pi n f_1}{f_s}\right)+\sin\left(\frac{2\pi n f_2}{f_s}\right)$。其中，$n=0\sim999$，$f_1=50$ Hz，$f_2=200$ Hz，采样频率 $f_s=1$ kHz。采用双线性变换法设计一个巴特沃斯数字低通滤波器对其进行滤波。

MATLAB 程序如下：

```
wp = 0.2 * pi;
ws = 0.35 * pi;
Ap = 1;
As = 40;
T = 0.05;
Wp = (2/T) * tan(wp/2);
Ws = (2/T) * tan(ws/2);
N1 = 1024;
[N,Wc] = buttord(Wp,Ws,Ap,As,'s');
[B,A] = butter(N,Wc,'s');
[b,a] = bilinear(B,A,1/T);
[Hz,w] = freqz(b,a,N1);
f1 = 50;
f2 = 200;
fs = 1000;
n = 0:999;
x = sin(2 * pi * f1 * n/fs) + sin(2 * pi * f2 * n/fs);
y = filter(b,a,x);
Xk = abs(fft(x,N1));
Yk = abs(fft(y,N1));
figure(1);
subplot(2,1,1);
stem(n,x,'filled','linewidth',0.5,'makersize',1);
grid on;title('输入信号');
xlabel('n');ylabel('x(n)');
axis([0,200,-2,2]);
subplot(2,1,2);
stem(Xk,'filled','linewidth',0.5,'makersize',1);
grid on;title('输入信号的幅度谱');
xlabel('k');ylabel('|X(k)|');
axis([0,250,0,500]);
figure(2);
subplot(2,1,1);
plot(w/pi,20 * log(abs(Hz)),'linewidth',2);
grid on;title('数字滤波器幅频特性');
```

```
xlabel('\omega/\pi');ylabel('Magnitude');
axis([0,0.3,-50,0]);
subplot(2,1,2);
plot(w/pi,angle(Hz),'linewidth',2);
grid on;title('数字滤波器相频特性');
xlabel('\omega/\pi');ylabel('Phase');
figure(3);
subplot(2,1,1);
stem(n,y,'filled','linewidth',0.5,'makersize',1);
grid on;title('低通滤波后输出信号');
xlabel('n');ylabel('y(n)');
axis([0,200,-2,2]);
subplot(2,1,2);
stem(Yk,'filled','linewidth',0.5,'makersize',1);
title('低通滤波后输出信号的幅度谱');grid on;
xlabel('k');ylabel('|Y(k)|');
axis([0,250,0,500]);
```

设计巴特沃斯数字滤波器进行信号滤波如图 14-5 所示。

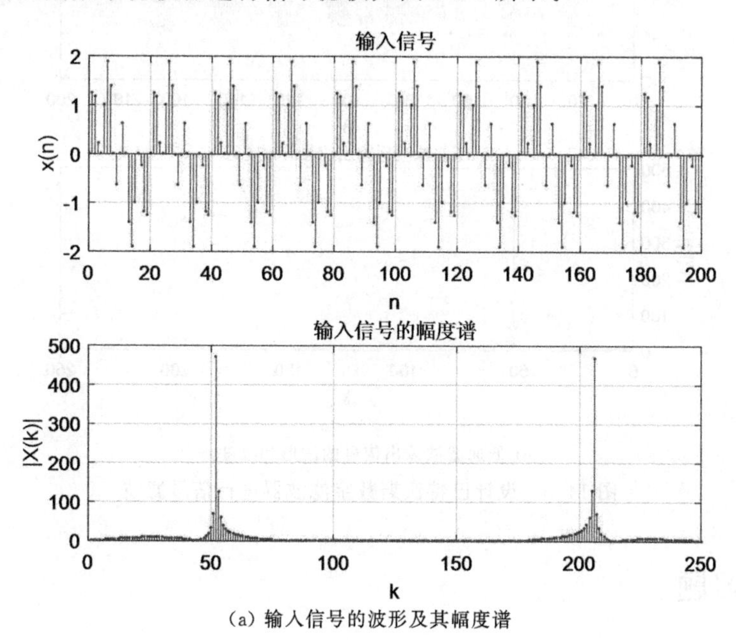

(a) 输入信号的波形及其幅度谱

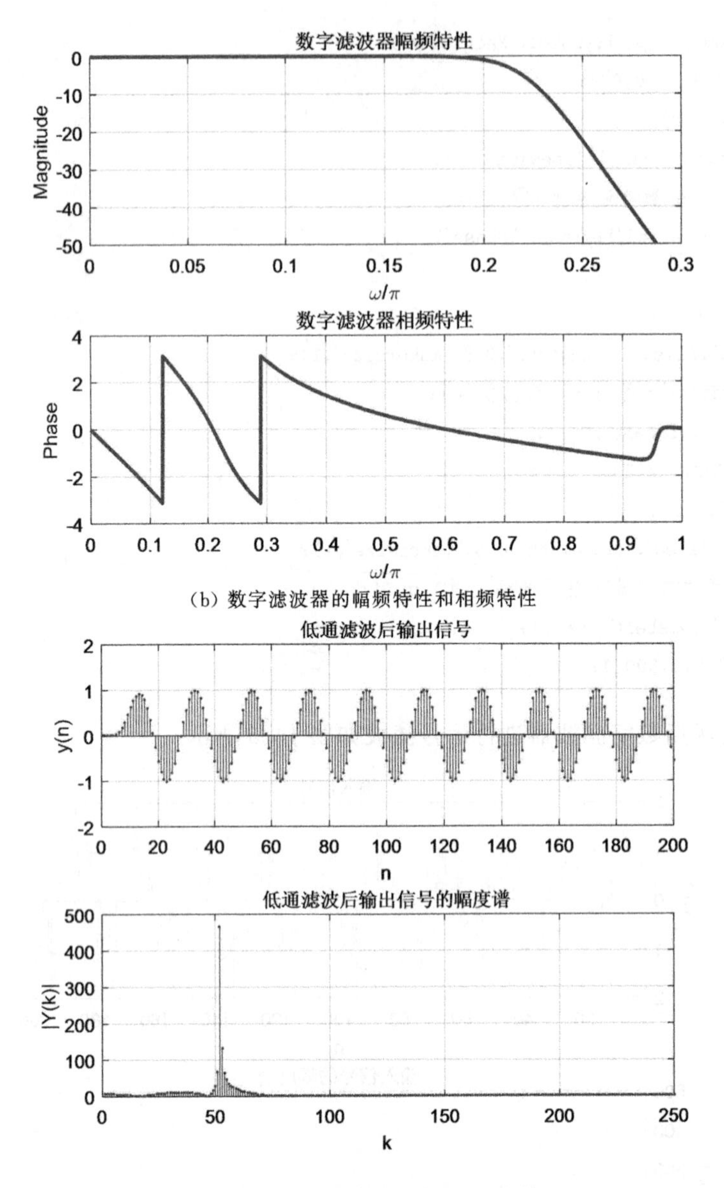

(b) 数字滤波器的幅频特性和相频特性

(c) 低通滤波输出信号的波形和幅度谱

图 14-5　设计巴特沃斯数字滤波器进行信号滤波

四、实验习题

(1) 利用脉冲响应不变法，用巴特沃斯设计一个数字低通滤波器，其中，滤波器的设计指标如下：$\omega_p=0.4\pi$，$A_p=0.5$ dB，$\omega_s=0.6\pi$，$A_s=50$ dB，滤波器的采样频率为 1 kHz。

(2) 利用双线性变换法，用巴特沃斯设计一个数字低通滤波器，其中，滤波器的设计指标如下：$\omega_p=0.4\pi$，$A_p=0.5$ dB，$\omega_s=0.6\pi$，$A_s=50$ dB。

实验 15 FIR 数字滤波器的设计

一、实验目的

(1) 理解 FIR 数字滤波器的时域特性和频域特性。

(2) 掌握窗函数法设计 FIR 数字滤波器的原理与方法。

(3) 掌握符合性能指标的 FIR 数字滤波器的 MATLAB 设计仿真。

二、实验原理

N 阶有限长脉冲响应(FIR)数字滤波器的系统函数表示为

$$H(z)=\sum_{n=0}^{N-1}h(n)z^{-n}$$

当满足 $h(n)=h(N-n-1)$ 的对称条件时，该 FIR 数字滤波器具有线性相位。FIR 数字滤波器的设计方法主要有窗函数法和频率采样法。本实验重点介绍用窗函数法设计 FIR 数字滤波器的思路与实现过程。

1. 窗函数法设计 FIR 数字滤波器

(1) 线性相位的理想低通滤波器 $h_d(n)$

$$h_d(n)=\frac{\sin[\omega_c(n-\tau)]}{\pi(n-\tau)}$$

其中，$\omega_c=\frac{\omega_p+\omega_s}{2}$ 是 $h_d(n)$ 的截止频率，$\tau=\frac{N-1}{2}$ 是 $h_d(n)$ 的对称中心，N 是 $h_d(n)$ 的阶数。

(2) 线性相位的理想高通滤波器 $h_d(n)$

$$h_d(n)=\frac{\sin[\pi(n-\tau)]}{\pi(n-\tau)}-\frac{\sin[\omega_c(n-\tau)]}{\pi(n-\tau)}$$

其中，$\omega_c=\frac{\omega_p+\omega_s}{2}$ 是 $h_d(n)$ 的截止频率，$\tau=\frac{N-1}{2}$ 是 $h_d(n)$ 的对称中心，N 是 $h_d(n)$ 的阶数。

(3) 线性相位的理想带通滤波器 $h_d(n)$

$$h_d(n)=\frac{\sin[\omega_{c2}(n-\tau)]}{\pi(n-\tau)}-\frac{\sin[\omega_{c1}(n-\tau)]}{\pi(n-\tau)}$$

其中，$\omega_{c1}=\frac{\omega_{p1}+\omega_{s1}}{2}$、$\omega_{c2}=\frac{\omega_{p2}+\omega_{s2}}{2}$ 是 $h_d(n)$ 的截止频率，$\tau=\frac{N-1}{2}$ 是 $h_d(n)$ 的对称中心，N 是 $h_d(n)$ 的阶数。

(4) 线性相位的理想带阻滤波器 $h_d(n)$

$$h_d(n)=\frac{\sin[\pi(n-\tau)]}{\pi(n-\tau)}-\left\{\frac{\sin[\omega_{c2}(n-\tau)]}{\pi(n-\tau)}-\frac{\sin[\omega_{c1}(n-\tau)]}{\pi(n-\tau)}\right\}$$

其中，$\omega_{c1}=\frac{\omega_{p1}+\omega_{s1}}{2}$、$\omega_{c2}=\frac{\omega_{p2}+\omega_{s2}}{2}$是 $h_d(n)$的截止频率，$\tau=\frac{N-1}{2}$是 $h_d(n)$的对称中心，N 是 $h_d(n)$的阶数。

2. 常用的窗函数

根据阻带最小衰减 A_s 选择适合的窗函数，对 $h_d(n)$进行加窗处理，得到实际的 FIR 数字滤波器的单位脉冲响应 $h(n)=h_d(n)\cdot w(n)$。其中，$w(n)$是窗函数。常用的窗函数有矩形窗、三角形窗、汉宁窗、汉明窗、布莱克曼窗等，具体参数见表 15-1。

表 15-1 常用窗函数的基本参数

窗函数	加窗后滤波器性能指标		MATLAB 函数（N 是窗函数的长度；w 是窗函数）
	过渡带宽	阻带最小衰减/dB	
矩形窗	$\frac{1.8\pi}{N}$	−21	w=boxcar(N)
三角形窗	$\frac{6.1\pi}{N}$	−25	w=triang(N)
汉宁窗	$\frac{6.2\pi}{N}$	−44	w=hanning(N)
汉明窗	$\frac{6.6\pi}{N}$	−53	w=hamming(N)
布莱克曼窗	$\frac{11\pi}{N}$	−74	w=blackman(N)

三、实验内容

例 1 利用窗函数法，设计一个 FIR 数字低通滤波器。其中，滤波器的设计指标如下：$\omega_p=0.4\pi$，$A_p=0.5$ dB，$\omega_s=0.6\pi$，$A_s=50$ dB。要求选择适当的窗函数及长度，求滤波器的单位脉冲响应 $h(n)$。

汉明窗和布莱克曼窗均可以提供大于 50 dB 的衰减。如果选用汉明窗设计，则将提供较小的过渡带，因此，具有较小的阶数。

MATLAB 程序如下：

```
wp = 0.4 * pi;
ws = 0.6 * pi;
deltaw = ws - wp;
N0 = ceil(6.6 * pi/deltaw) + 1;
N = N0 + mod(N0 + 1,2);
wn = (hamming(N))';
wc = (ws + wp)/2;
tao = (N - 1)/2;
n = 0:N - 1;
m = n - tao + eps;
hd = sin(wc * m)./(pi * m);
hn = hd. * wn;
```

```
[H,w] = freqz(hn,[1],1000,'whole');
mag = abs(H);
db = 20 * log10((mag + eps)./max(mag));
grd = grpdelay(hn,[1],w);
dw = 2 * pi/1000;
Ap = - (min(db(1:wp/dw + 1)))
As = - round(max(db(ws/dw + 1:501)))
subplot(2,2,1);
stem(n,hd,'.','linewidth',2);
grid on;title('理想单位脉冲响应');
xlabel('n');ylabel('hd(n)');
axis([0,N - 1, - 0.2,0.6]);
subplot(2,2,2);
stem(n,wn,'.','linewidth',2);
grid on;title('汉明窗');
xlabel('n');ylabel('w(n)');
axis([0,N - 1,0,1.1]);
subplot(2,2,3);
stem(n,hn,'.','linewidth',2);
grid on;title('实际单位脉冲响应');
xlabel('n');ylabel('h(n)');
axis([0,N - 1, - 0.2,0.6]);
subplot(2,2,4);
plot(w/pi,db,'linewidth',2);
grid on;title('滤波器的幅频特性(dB)');
xlabel('\omega/\pi'); ylabel('Magnitude');
axis([0,1, - 100,10]);
set(gca,'XTickMode','manual','XTick',[0,0.4,0.6,1]);
set(gca,'YTickMode','manual','YTick',[ - 50,0]);
```

利用窗函数法设计的数字低通滤波器如图 15-1 所示。

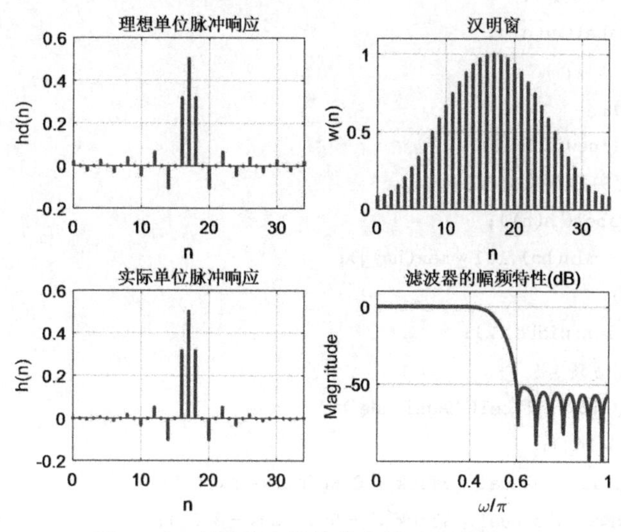

图 15-1　窗函数法设计数字低通滤波器(1)

例 2 利用窗函数法，设计一个 FIR 数字低通滤波器。其中，滤波器的设计指标如下：$\omega_p=0.2\pi$，$A_p=0.5$ dB，$\omega_s=0.3\pi$，$A_s=50$ dB。要求选择适当的窗函数及长度，求滤波器的单位脉冲响应 $h(n)$。

因为 $A_s=50$ dB，所以选用汉明窗设计。

MATLAB 程序如下：

```
wp = 0.2 * pi;
ws = 0.3 * pi;
deltaw = ws - wp;
N0 = ceil(6.6 * pi/deltaw);
N = N0 + mod(N0 + 1,2);
wn = (hamming(N))';
wc = (ws + wp)/2;
hd = ideal_lp(wc,N);
hn = hd. * wn;
n = 0:N - 1;
[H,w] = freqz(hn,[1],1000,'whole');
mag = abs(H);
db = 20 * log10((mag + eps)./max(mag));
pha = angle(H);
grd = grpdelay(hn,[1],w);
dw = 2 * pi/1000;
Ap = - (min(db(1:wp/dw + 1)))
As = - round(max(db(ws/dw + 1:501)))
subplot(2,2,1);
stem(n,wn,'.','linewidth',2);
grid on;title('汉明窗');
xlabel('n');ylabel('w(n)');
axis([0,N,0,1.1]);
subplot(2,2,2);
stem(n,hn,'.','linewidth',2);
grid on;title('实际脉冲响应');
xlabel('n');ylabel('h(n)');
axis([0,N,1.1 * min(hn),1.1 * max(hn)]);
subplot(2,2,3);
plot(w/pi,db,'linewidth',2);
grid on;title('幅频响应');
xlabel('\omega/\pi');ylabel('Magnitude');
axis([0,1,- 80,10]);
set(gca,'XTickMode','manual','XTick',[0,wp/pi,ws/pi,1]);
set(gca,'YTickMode','manual','YTick',[- 50,- 20,- 3,0]);
```

```
subplot(2,2,4);
plot(w/pi,pha,'linewidth',2);
grid on;title('相频响应');
xlabel('\omega/\pi');ylabel('\phi(\omega)');
axis([0,1,-4,4]);
set(gca,'XTickMode','manual','XTick',[0,wp/pi,ws/pi,1]);
set(gca,'YTickMode','manual','YTick',[-3.1416,0,3.1416,4]);
```

子程序 ideal_lp 函数如下：

```
function hd = ideal_lp(wc,N)
tao = (N-1)/2;
n = 0:(N-1);
m = n-tao + eps;
hd = sin(wc * m)./(pi * m);
```

利用窗函数法设计的数字低通滤波器如图 15-2 所示。

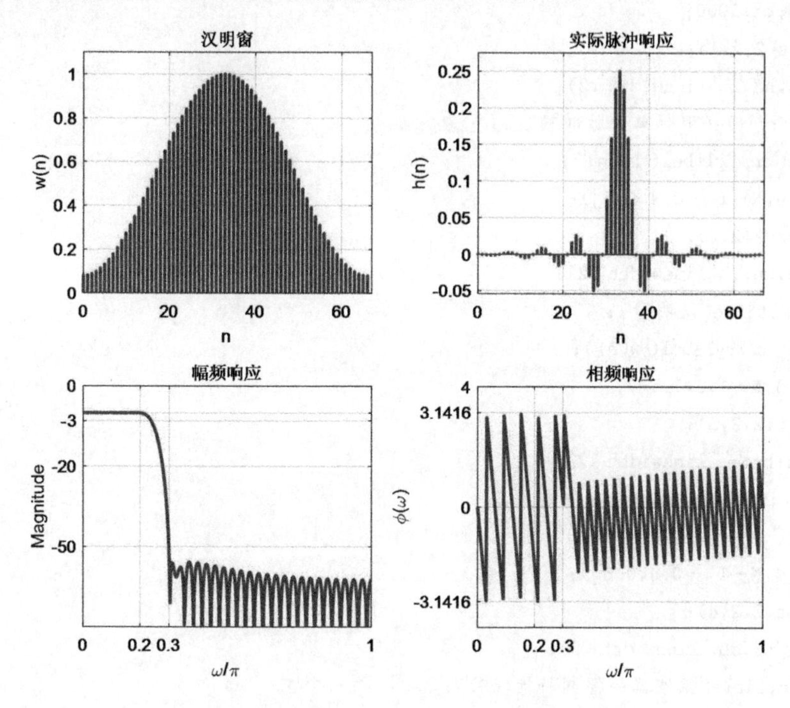

图 15-2 窗函数法设计数字低通滤波器(2)

例 3 利用窗函数法，设计一个 FIR 数字高通滤波器。其中，滤波器的设计指标如下：$\omega_p=0.5\pi$，$A_p=0.5$ dB，$\omega_s=0.3\pi$，$A_s=50$ dB。要求选择适当的窗函数及长度，求滤波器的单位脉冲响应 $h(n)$。

因为 $A_s=50$ dB，所以选用汉明窗设计。

MATLAB 程序如下：

```
wp = 0.5 * pi;
ws = 0.3 * pi;
deltaw = wp - ws;
N0 = ceil(6.6 * pi/deltaw);
N = N0 + mod(N0 + 1,2);
wn = (hamming(N))';
wc = (ws + wp)/2;
tao = (N - 1)/2;
n = 0:N - 1;
m = n - tao + eps;
hd = (sin(pi * m) - sin(wc * m))./(pi * m);
hn = hd. * wn;
[H,w] = freqz(hn,[1],1000,'whole');
mag = abs(H);
db = 20 * log10((mag + eps)./max(mag));
grd = grpdelay(hn,[1],w);
dw = 2 * pi/1000;
subplot(2,2,1);
stem(n,hd,'.','linewidth',2);
grid on;title('理想单位脉冲响应');
xlabel('n');ylabel('hd(n)');
axis([0,N-1,-0.4,0.6]);
subplot(2,2,2);
stem(n,wn,'.','linewidth',2);
grid on;title('汉明窗');
xlabel('n');ylabel('w(n)');
axis([0,N-1,0,1.1]);
subplot(2,2,3);
stem(n,hn,'.','linewidth',2);
grid on;title('实际单位脉冲响应');
xlabel('n');ylabel('h(n)');
axis([0,N-1,-0.4,0.6]);
subplot(2,2,4);
plot(w/pi,db,'linewidth',2);
grid on;title('滤波器的幅频特性(dB)');
xlabel('\omega/\pi');ylabel('Magnitude');
axis([0,1,-100,10]);
set(gca,'XTickMode','manual','XTick',[0,0.3,0.5,1]);
```

利用窗函数法设计的数字高通滤波器如图 15-3 所示。

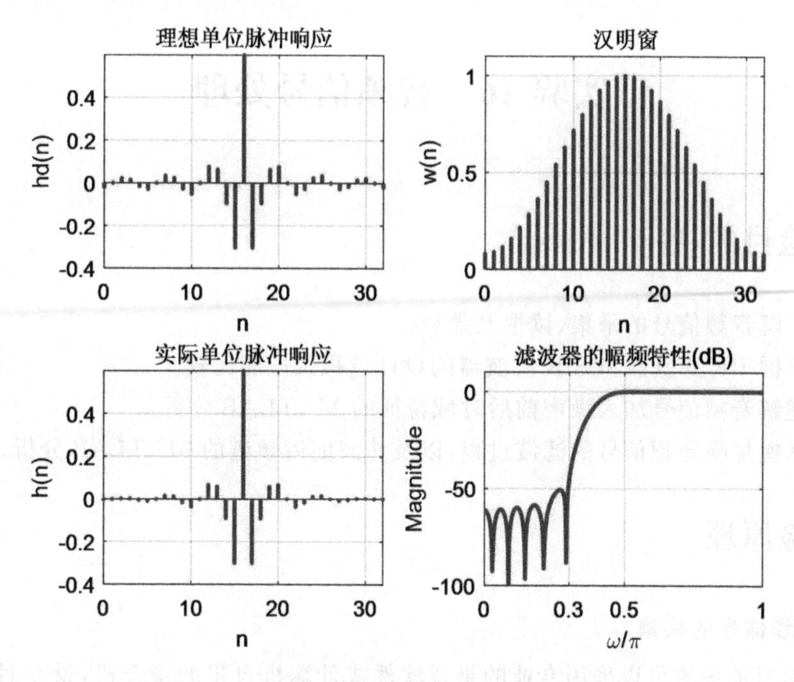

图 15-3 利用窗函数法设计数字高通滤波器

四、实验习题

(1) 利用窗函数法，设计一个 FIR 数字低通滤波器。其中，要求滤波器的设计指标如下：$\omega_p=0.3\pi, A_p=0.5$ dB，$\omega_s=0.5\pi, A_s=40$ dB。要求选择适当的窗函数及长度，求滤波器的单位脉冲响应 $h(n)$。

(2) 利用窗函数法，设计一个 FIR 数字高通滤波器。其中，要求滤波器的设计指标如下：$\omega_p=0.4\pi, A_p=0.5$ dB，$\omega_s=0.2\pi, A_s=40$ dB。要求选择适当的窗函数及长度，求滤波器的单位脉冲响应 $h(n)$。

实验16　音频信号处理

一、实验目的

（1）了解音频信号的采集、读取及播放。

（2）掌握IIR滤波器和FIR滤波器的设计过程及性能比较。

（3）理解音频信号加入噪声前后时域特征的MATLAB分析。

（4）掌握加噪音频信号的滤波过程，以及滤波前后频谱的MATLAB分析。

二、实验原理

1. 音频信号的采集

音频信号的采集可以采用专业的录音软件或计算机自带的录音机，录制时需要配备麦克风。为了方便比较，需要在安静、无噪声、干扰小的环境下录制，在录音机中可以进行简单的声音处理，如加大或降低音量，加速或减速，声音的反转或添加回音效果等，最后把音频信号保存为.wav文件。

2. MATLAB函数

MATLAB提供了音频信号的读取、播放、写入等函数。

（1）audioread函数

读取音频文件。其调用格式为：[y,fs]=audioread('test.wav')，其中，test.wav为读取的音频文件名，返回的y和f_s为音频数据和采样频率。对于立体声音频文件，返回的是一个包含左右声道数据的矩阵，每一列代表一个声道的数据。

（2）sound函数

播放音频数据。其调用格式为：sound(y,fs)，其中，y为要播放的音频信号，f_s为音频信号的采样频率。

（3）audiowrite函数

将音频数据写入并保存为.wav的音频文件。其调用格式为：audiowrite('filename',y,fs)，其中，filename为想要保存文件的文件名，注意引号和后缀名；y为要写入的音频数据；f_s为音频信号的采样频率。

三、实验内容

例1　读取一段音频信号，并对音频信号进行快速傅里叶变换。用MATLAB绘制其波形图和幅度谱。

MATLAB 程序如下：

```
fs = 32768;
x = audioread('yinpin.wav');
sound(x,32768);
f = fs * (0:511)/1024;
Xk = fft(x,1024);
subplot(2,1,1);
plot(x,'linewidth',2);
grid on;title('音频信号的波形');
xlabel('n');ylabel('x(n)');
axis([500,1000, - 0.2,0.2])
subplot(2,1,2);
plot(f,abs(Xk(1:512)),'linewidth',2);
grid on;title('音频信号的频谱');
xlabel('f');ylabel('Magnitude');
```

音频信号的波形和幅度谱如图 16-1 所示。

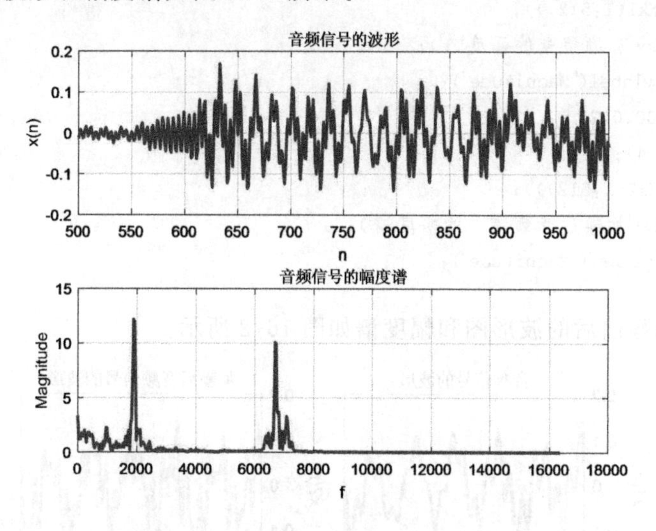

图 16-1　音频信号的波形和幅度谱

例 2　读取一段音频信号，并给其加入一个频率为 10 kHz 高频余弦噪声，将加噪后的音频信号进行保存。用 MATLAB 绘制音频信号加噪前后的波形图和幅度谱。

MATLAB 程序如下：

```
fs = 32768;
x1 = audioread('yinpin.wav');
t = 0:1/32768:(size(x1) - 1)/32768;
A = 0.05;
d = [A * cos(2 * pi * 10000 * t)]';
```

```
x2 = x1 + d;
sound(x2,32768);
audiowrite('yinpin_noise.wav',x2,fs);
Xk1 = fft(x1,1024);
Xk2 = fft(x2,1024);
f = fs * (0:511)/1024;
subplot(2,2,1);
plot(x1,'linewidth',2);
grid on;title('音频信号的波形');
xlabel('n');ylabel('x1(n)');
axis([700,800,-0.2,0.2]);
subplot(2,2,2);
plot(x2,'linewidth',2);
grid on;title('加噪后音频信号的波形');
xlabel('n');ylabel('x2(n)');
axis([700,800,-0.2,0.2]);
subplot(2,2,3);
plot(f,abs(Xk1(1:512)));
grid on;title('音频信号的幅度谱');
xlabel('f');ylabel('Magnitude');
axis([0,20000,0,20]);
subplot(2,2,4);
plot(f,abs(Xk2(1:512)));
grid on;title('加噪后音频信号的幅度谱');
xlabel('f');ylabel('Magnitude');
```

音频信号加噪前后的波形图和幅度谱如图 16-2 所示。

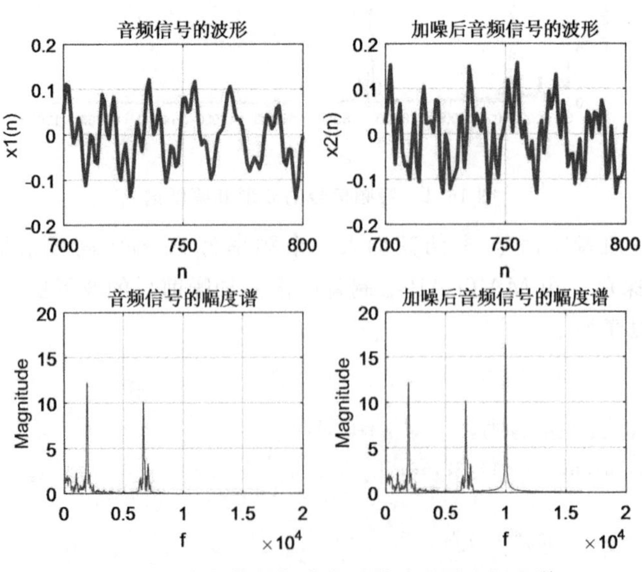

图 16-2　音频信号加噪前后的波形图和幅度谱

例 3 读取一段音频信号，并给其加入一个频率为 10 kHz 高频余弦噪声，设计滤波器对噪声信号进行滤除。用 MATLAB 绘制滤波前后音频信号的波形图和幅度谱。

本实验采用双线性变换法设计 Butterworth 数字低通滤波器，MATLAB 程序如下：

```
fs = 32768;
x1 = audioread('yinpin.wav');
t = 0:1/32768:(size(x1) - 1)/32768;
A = 0.05;
d = [A * cos(2 * pi * 10000 * t)]';
x2 = x1 + d;
wp = 0.4 * pi;
ws = 0.5 * pi;
Ap = 1;
As = 15;
fs = 32768;
Ts = 1/fs;
Wp = 2/Ts * tan(wp/2);
Ws = 2/Ts * tan(ws/2);
[N,Wc] = buttord(Wp,Ws,Ap,As,'s');
[B,A] = butter(N,Wc,'s');
[b,a] = bilinear(B,A,1/Ts);
[H,w] = freqz(b,a);
y = filter(b,a,x2);
sound(y,32768);
X2 = fft(x2,1024);
Y = fft(y,1024);
f = fs * (0:511)/1024;
subplot(3,2,1);
plot(x2,'linewidth',2);
grid on;title('滤波前音频信号的波形');
xlabel('n');ylabel('x2(n)');
axis([700,800, - 0.2,0.2]);
subplot(3,2,2);
plot(f,abs(X2(1:512)),'linewidth',2);
grid on;title('滤波前音频信号的幅度谱');
xlabel('f');ylabel('Magnitude');
axis([0,20000,0,30]);
subplot(3,1,2);
plot(w * fs/(2 * pi),abs(H),'linewidth',2);
grid on;title('双线性法设计低通滤波器');
xlabel('f');ylabel('Magnitude');
subplot(3,2,5);
plot(y,'linewidth',2);
grid on;title('滤波后音频信号的波形');
xlabel('n');ylabel('y(n)');
axis([700,800, - 0.2,0.2]);
subplot(3,2,6);
plot(f,abs(Y(1:512)),'linewidth',2);
```

```
grid on;title('滤波后音频信号的幅度谱');
xlabel('f');ylabel('Magnitude');
axis([0,20000,0,30]);
```

滤波前后音频信号的波形图和幅度谱如图 16-3 所示。

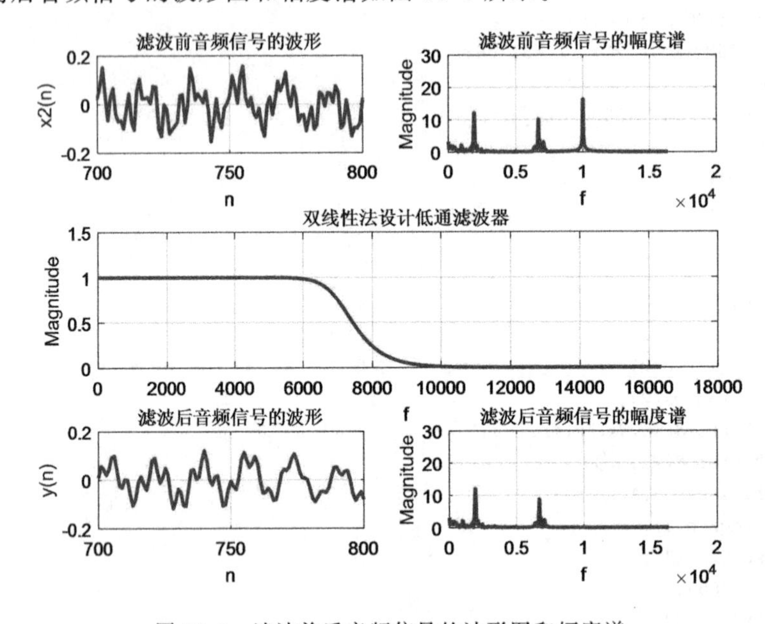

图 16-3　滤波前后音频信号的波形图和幅度谱

例 4　读取一段音频信号,并给其加入一个频率为 10 kHz 高频余弦噪声,设计滤波器对噪声信号进行滤除。用 MATLAB 绘制滤波前后音频信号的波形图和幅度谱。

fir1 函数:用于窗函数法 FIR 滤波器的设计。其调用方式为:b = fir1(n, Wn, window)。其中,n 为滤波器阶数;W_n 为归一化截止频率;window 为选取的窗函数,窗函数的长度应等于 FIR 滤波器系数的个数,即阶数 $n+1$;b 为生成的滤波器系数。

本实验采用窗函数法设计数字低通滤波器,MATLAB 程序如下:

```
fs = 32768;
x1 = audioread('yinpin.wav');
t = 0:1/32768:(size(x1) - 1)/32768;
A = 0.05;
d = [A * cos(2 * pi * 10000 * t)]';
x2 = x1 + d;
wp = 0.4 * pi;
ws = 0.5 * pi;
deltaw = ws - wp;
N = ceil(6.6 * pi/deltaw);
wc = (ws + wp)/2;
b = fir1(N,wc/pi,hamming(N + 1));
a = 1;
```

```
y = filter(b,a,x2);
sound(y,32768);
X2 = fft(x2,1024);
Y = fft(y,1024);
f = fs * (0:511)/1024;
subplot(3,2,1);
plot(x2,'linewidth',2);
grid on;title('滤波前音频信号的波形');
xlabel('n');ylabel('x2(n)');
axis([700,800,-0.2,0.2]);
subplot(3,2,2);
plot(f,abs(X2(1:512)),'linewidth',2);
grid on;title('滤波前音频信号的幅度谱');
xlabel('f');ylabel('Magnitude');
subplot(3,1,2);
[H,w] = freqz(b,a,512);
plot(w * fs/(2 * pi),abs(H),'linewidth',2);
grid on;title('窗函数法设计低通滤波器');
xlabel('f');ylabel('Magnitude');
subplot(3,2,5);
plot(y,'linewidth',2);
grid on;title('滤波后音频信号的波形');
xlabel('n');ylabel('y(n)');
axis([700,800,-0.2,0.2]);
subplot(3,2,6);
plot(f,abs(Y(1:512)),'linewidth',2);
grid on;title('滤波后音频信号的幅度谱');
xlabel('f');ylabel('Magnitude');
```

滤波前后音频信号的波形图和幅度谱如图 16-4 所示。

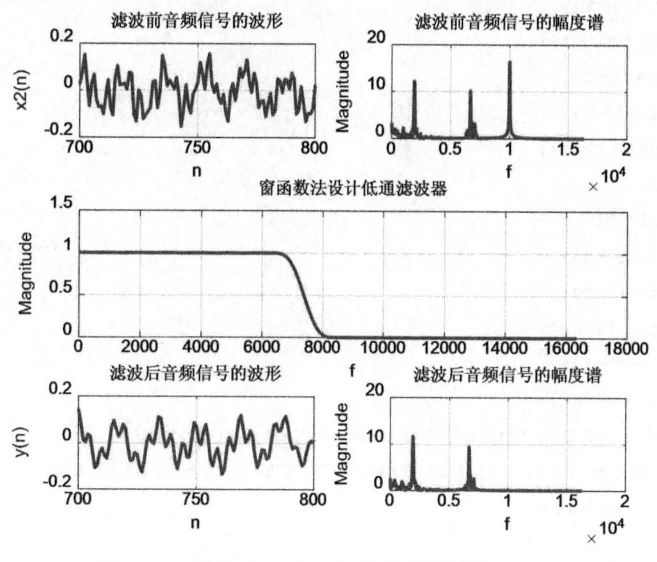

图 16-4　滤波前后音频信号的波形图和幅度谱

例 5 已知 8 度音阶有 12 个音符,分别是:A,A#或 Bb,B,C,C#或 Db,D,D#或 Eb,E,F,F#或 Gb,G,G#或 Ab。可从 f_0 到 $2f_0$ 规定音符频率的变化为:$f=2^{k/12}f_0$,$k=0,1,2,\cdots,11$。利用回声系统 $y(n)=x_1(n)+a_nx_1(n-n_0)$,其中,$n_0$ 为延迟时间,a_n 为衰减因子,$x_1(n)$为 8 度音阶信号,$y(n)$为叠加回声后的信号。用 MATLAB 播放 8 度音阶、叠加回声、消除回声,并绘制相应的音频波形图。

将回声系统端对端翻转过来,改变反馈信号的符号,得到逆系统即可消除回声,其对应的差分方程为:$x_2(n)+a_nx_2(n-n_0)=y(n)$,其中,$n_0$ 为延迟时间,a_n 为衰减因子,$x_2(n)$为消除回声后的信号,$y(n)$为叠加回声后的信号。

MATLAB 程序如下:

```
f0 = 340;
a = f0 * (2^(0/12));
a1 = f0 * (2^(1/12));
b = f0 * (2^(2/12));
c = f0 * (2^(3/12));
c1 = f0 * (2^(4/12));
d = f0 * (2^(5/12));
d1 = f0 * (2^(6/12));
e = f0 * (2^(7/12));
f = f0 * (2^(8/12));
f1 = f0 * (2^(9/12));
g = f0 * (2^(10/12));
g1 = f0 * (2^(11/12));
ts = 1/4096;
t = 0:ts:0.4;
t1 = 0 * (0:ts:0.1);
A = sin(2 * pi * a * t);
AA = sin(2 * pi * a1 * t);
B = sin(2 * pi * b * t);
C = sin(2 * pi * c * t);
CC = sin(2 * pi * c1 * t);
D = sin(2 * pi * d * t);
DD = sin(2 * pi * d1 * t);
E = sin(2 * pi * e * t);
F = sin(2 * pi * f * t);
FF = sin(2 * pi * f1 * t);
G = sin(2 * pi * g * t);
GG = sin(2 * pi * g1 * t);
audio1 = [A t1 AA t1 B t1 C t1 CC t1 D t1 DD t1 E t1 F t1 FF t1 G t1 GG];
audio2 = [GG t1 G t1 FF t1 F t1 E t1 DD t1 D t1 CC t1 C t1 B t1 AA t1 A];
x1 = [audio1 t1 audio2 t1];
sound(x1);
subplot(3,1,1);
```

```
plot(x1,'linewidth',2);
grid on;title('8 度音阶');
n0 = 5000;an = 0.8;
B1 = [1,zeros(1,n0 - 1),an];
A1 = 1;
y = filter(B1,A1,x1);
% sound(y);
subplot(3,1,2);
plot(y,'linewidth',2);
grid on;title('8 度音阶叠加回声');
B2 = 1;
A2 = [1,zeros(1,n0 - 1),an];
x2 = filter(B2,A2,y);
% sound(x2);
subplot(3,1,3);
plot(x2,'linewidth',2);
grid on;title('8 度音阶消除回声');
```

用 sound 函数播放 8 度音阶 x1,叠加回声后的音频 y,以及消除回声后的音频 x2,可听音频相应的效果,各个音频信号的波形图如图 16-5 所示。

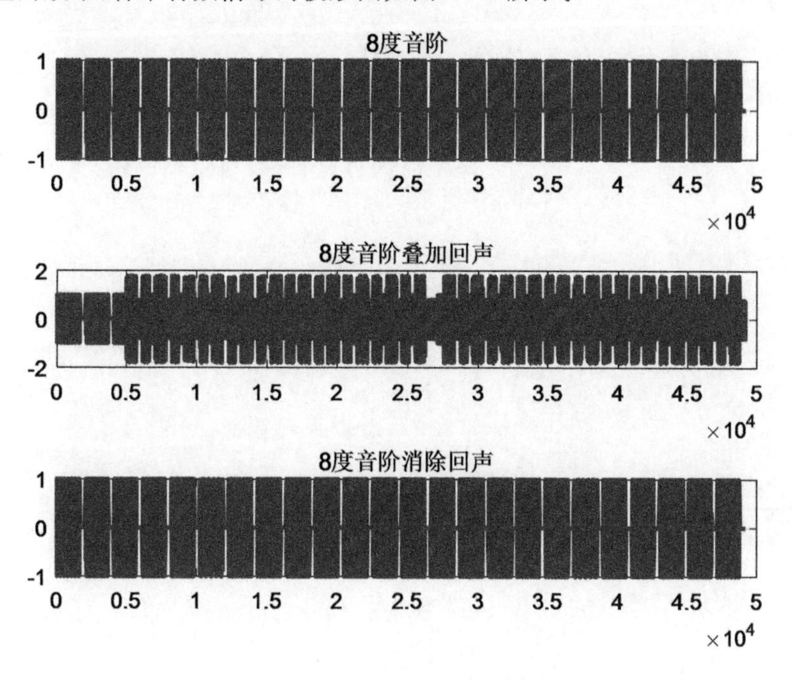

图 16-5　各个音频信号的波形图

四、实验习题

完成一段音频信号的采集，对所采集的音频信号加入不同的干扰噪声，对加入噪声后的信号进行频谱分析。针对受干扰音频信号的特点，设计滤波器，对加噪信号进行滤波，恢复原信号。用 MATLAB 绘制各个音频信号的时域波形图，并进行频域分析，从中得出相应结论。

参考文献

[1] 普园媛，柏正尧，赵征鹏．MATLAB信号处理仿真实践[M]．北京：科学出版社，2021.

[2] 戴虹．数字信号处理实验与课程设计教程：面向工程教育[M]．北京：电子工业出版社，2020.

[3] 尚宇．基于MATLAB的信号与系统实验指导[M]．北京：中国电力出版社，2020.

[4] 徐利民，舒君，谢优忠．基于MATLAB的信号与系统实验教程[M]．北京：清华大学出版社，2010.

[5] 丛玉良，王宏志．数字信号处理原理及其MATLAB实现[M]．2版．北京：电子工业出版社，2009.

[6] 王嘉梅．基于MATLAB的数字信号处理与实践开发[M]．西安：西安电子科技大学出版社，2007.

[7] ROBERTS M J．信号与系统：使用变换方法和MATLAB分析[M]．胡剑凌，朱伟芳，等译．北京：机械工业出版社，2013.

[8] 王文光，魏少明，任欣．信号处理与系统分析的MATLAB实现[M]．北京：电子工业出版社，2018.

[9] MITRA S K．数字信号处理实验指导书：MATLAB版[M]．孙洪，余翔宇，等译．北京：电子工业出版社，2005.

[10] 李杰，张猛，邢笑雪．信号处理MATLAB实验教程[M]．北京：北京大学出版社，2009.

[11] 甘俊英，胡异丁．基于MATLAB的信号与系统实验指导[M]．北京：清华大学出版社，2007.

[12] 李会容，缪志农．信号分析与处理[M]．北京：北京大学出版社，2013.

[13] 承江红，谢陈跃．信号与系统仿真及实验指导[M]．北京：北京理工大学出版社，2009.

[14] 金波．信号与系统实验教程[M]．武汉：华中科技大学出版社，2008.

[15] 承江红，谢陈跃．信号与系统仿真及实验指导[M]．北京：北京理工大学出版社，2009.

[16] 钱玲，虞粉英，李彧晟．信号分析与处理实验指导书[M]．北京：科学出版社，2012.

[17] 程耕国．信号与系统：信号分析与处理：上册[M]．北京：机械工业出版社，2009.

[18] 王彬．MATLAB数字信号处理[M]．北京：机械工业出版社，2010.

附　录

MATLAB 常用命令函数

<table>
<tr><th>命令、函数名称</th><th>功能说明</th></tr>
<tr><td>+</td><td>加</td></tr>
<tr><td>−</td><td>减</td></tr>
<tr><td>*</td><td>矩阵乘</td></tr>
<tr><td>.*</td><td>点乘</td></tr>
<tr><td>^</td><td>矩阵乘方</td></tr>
<tr><td>.^</td><td>点乘方</td></tr>
<tr><td>/</td><td>右除</td></tr>
<tr><td>\</td><td>左除</td></tr>
<tr><td>./或.\</td><td>点除</td></tr>
<tr><td>%</td><td>注释</td></tr>
<tr><td>'</td><td>矩阵转置</td></tr>
<tr><td>=</td><td>赋值</td></tr>
<tr><td>==</td><td>相等</td></tr>
<tr><td>></td><td>大于</td></tr>
<tr><td>>=</td><td>大于或等于</td></tr>
<tr><td><</td><td>小于</td></tr>
<tr><td><=</td><td>小于或等于</td></tr>
<tr><td>~=</td><td>不等于</td></tr>
<tr><td>&</td><td>逻辑与</td></tr>
<tr><td>|</td><td>逻辑或</td></tr>
<tr><td>~</td><td>逻辑非</td></tr>
<tr><td>any</td><td>向量有非零元，则为真</td></tr>
<tr><td>all</td><td>向量的所有元非零，则为真</td></tr>
<tr><td>atan</td><td>反正切函数</td></tr>
<tr><td>audioread</td><td>读取音频文件</td></tr>
<tr><td>audiowrite</td><td>写入音频文件</td></tr>
<tr><td>xor</td><td>逻辑异或</td></tr>
<tr><td>abs</td><td>求绝对值</td></tr>
<tr><td>angle</td><td>求相角</td></tr>
<tr><td>axis</td><td>控制坐标轴的刻度和形式</td></tr>
</table>

续表

命令、函数名称	功能说明
triang	三角形窗函数
bilinear	双线性变换法设计数字滤波器
blackman	布莱克曼窗函数
boxcar	矩形窗函数
buttap	设计巴特沃斯模拟低通滤波器
butter	直接设计模拟或数字巴特沃斯滤波器
buttord	计算巴特沃斯滤波器的阶数和截止频率
case	同 switch 一起使用
ceil	朝正无穷大方向取整
clc	清除命令窗口
clear	清除工作空间
close	关闭图形窗口
cos	余弦函数
conj	求复数的共轭复数
conv	求多项式乘法,求离散序列卷积和
diff	微分运算
Dirac	冲激函数
disp	显示矩阵
dsolve	求解微分方程
edit	打开 M 文件
else	与 if 命令配合使用
elseif	与 if 命令配合使用
end	for、while 和 if 语句的结束
eps	相对浮点精度
exp	指数函数
eye	单位矩阵
ezplot	绘制符号函数二维图形
fft	快速离散傅里叶变换
fftshift	取消谱中心零位
figure	创建图形窗口
fir1	用窗函数设计 FIR 滤波器
fill	绘制二维多边形填充图
filled	实心圆
filter	一维数字滤波器
fix	朝零方向取整

续 表

命令、函数名称	功能说明
fliplr	将矩阵进行左、右方向翻转
for	重复执行指定次数(循环)
format	设置输出格式
fourier	求傅里叶变换
freqs	求连续时间系统的频率响应
freqz	求离散时间系统的频率响应
function	增加新的函数
gca	获取当前坐标系的句柄
global	定义全局变量
grid	画网格线
grpdelay	计算滤波器延迟(群延迟)
hamming	汉明窗函数
hanning	汉宁窗函数
heaviside	阶跃函数
help	在命令窗口显示帮助文件
hold	保持当前图形
i、j	虚数单位
if	条件执行语句
ifft	离散傅里叶逆变换
ifourier	求傅里叶逆变换
ilaplace	求拉普拉斯逆变换
imag	求复数的虚部
impinvar	冲激响应不变法设计数字滤波器
impluse	求连续时间系统的单位冲激响应
impz	求离散时间系统的单位脉冲响应
inf	无穷大
int	积分运算
inv	求矩阵的逆
iztrans	求 Z 逆变换
kaiser	凯赛窗函数
kaiserord	求凯赛窗函数的阶数和参数
laplace	求拉普拉斯变换
length	求向量的长度
legend	图形图例
linspace	产生等间隔的向量

续表

命令、函数名称	功能说明
linewidth	设置绘图中线条的宽度
lp2lp	模拟低通滤波器到模拟低通滤波器的转换
lsim	计算系统的零状态响应
log	自然对数
log10	以 10 为底的对数
max	最大值
min	最小值
mod	求余
nan	非数值
num2str	数字转换成字符串
ones	产生全 1 矩阵
phase	计算相位谱
pi	圆周率
plot	绘制线性图形
pole	求极点
poly	将根值表示转换为多项式表示
printsys	打印系统参数
rand	产生均匀分布的随机数矩阵
randn	产生正态分布的随机数矩阵
real	求复数的实部
rectpuls	产生非周期矩形脉冲
residue	部分分式展开
roots	求多项式的根
round	朝最近的整数取整
sawtooth	产生周期三角脉冲信号
set	建立对象特性
sign	符号函数
simple	符号表达式化简
simplify	符号表达式化简
sin	正弦函数
sinc	抽样函数
size	求矩阵的尺寸
sound	播放音频数据
square	产生周期矩形脉冲信号
sqrt	求平方根

续 表

命令、函数名称	功能说明
stem	绘制离散序列图形
step	求单位阶跃响应
stepfun	阶跃函数
subplot	将图形窗口分成若干个子窗口
subs	符号变量替换
sum	求和
suptitle	为一个多子窗口的图形添加一个总标题
sym	定义符号表达式
syms	定义符号变量
tan	正切函数
rat	有理分式近似值
tf	建立传输函数模型
tf2zp	求系统函数的零极点和增益
title	添加图形标题
tripuls	产生非周期三角波
toeplitz	生成托普利兹矩阵
while	重复执行不定次数(循环)
who	列出工作空间变量
whos	列出工作空间变量的详细信息
xlabel	添加 x 轴标记
ylabel	添加 y 轴标记
zeros	产生全 0 矩阵
zplane	绘制离散时间系统的零极点图
ztrans	求 Z 变换